集成电路科学与工程类新工科系列教材

半导体物理与器件实验教程

Experimental Course of Semiconductor Physics and Devices

计　峰　主编

山东大学出版社

SHANDONG UNIVERSITY PRESS

·济南·

内容简介

本书主要分为半导体物理实验及半导体器件实验两篇。半导体物理实验包括单晶硅的激光定向、单晶硅中晶体缺陷的腐蚀显示、半导体材料导电类型的测定、四探针法测量半导体电阻率、霍尔效应实验、高频光电导衰减法测少子寿命、半导体材料光学特性的测量、MOS管的 $C\text{-}V$ 特性测量、PN结势垒特性及杂质的测试分析、PN结正向特性的研究和应用等十个实验。半导体器件实验包括发光二极管特性参数测量、稳压二极管特性参数测量、双极型晶体管直流参数测量、场效应管直流参数测量、晶体管基极电阻的测量、晶体管特征频率的测量、数字电桥测量电位器的电阻值、集成电路特性参数测量、太阳能电池参数测量等十个实验。

本书可作为微电子、集成电路及电子科学技术等专业的半导体物理实验及半导体器件实验教材或教学参考书。

图书在版编目(CIP)数据

半导体物理与器件实验教程/计峰主编. —济南:山
东大学出版社,2023.10
　　ISBN　978-7-5607-6952-3

　　Ⅰ.①半… Ⅱ.①计… Ⅲ.①半导体物理-实验 ②半
导体器件-实验　Ⅳ.①O47-33②TN303-33

中国国家版本馆CIP数据核字(2023)第152728号

责任编辑　祝清亮
文案编辑　曲文蕾
封面设计　牛　钧　王秋忆

半导体物理与器件实验教程
BANDAOTI WULI YU QIJIAN SHIYAN JIAOCHENG

出版发行　山东大学出版社
社　　　址　山东省济南市山大南路20号
邮政编码　250100
发行热线　(0531)88363008
经　　　销　新华书店
印　　　刷　山东翰林纸业股份有限公司
规　　　格　787毫米×107毫米　1/16
　　　　　　8.75印张　189千字
版　　　次　2023年10月第1版
印　　　次　2023年10月第1次印刷
定　　　价　26.00元

总 序

　　集成电路科学与工程是20世纪60年代创建并迅速发展起来的科学技术领域。自1958年世界上诞生了第一块半导体集成电路开始,人类社会迈入"硅器"时代。经过六十多年的发展,特别是伴随着智能手机、移动互联网、云计算、大数据和移动通信的普及,半导体集成电路已经从单纯实现电路小型化的技术方法,演变为今天所有信息系统的核心,成为人类社会战略性产业发展的技术支撑,强力推动着电子信息、数字经济、工业控制、网络通信、医疗器械、智能制造、国防装备、信息安全、电子消费等各个领域的发展,深刻影响着国民经济、社会进步和国家安全。当前,因为"卡脖子"问题和国家战略需求,"新工科"集成电路已经成为高等教育领域关注的热点。

　　全球新一轮科技革命和产业革命加速发展,以集成电路为代表的新一代信息技术产业以其强大的创新性、融合性、带动性和渗透性成为核心驱动力,其战略性、基础性和先导性作用进一步凸显。人才兴则科技兴,人才强则产业强。目前我国集成电路产业发展正处于攻坚期,要突破核心技术瓶颈,解决"卡脖子"问题,增强内生发展动力,迫切需要大批领军人才、专业技术人才和工匠型人才的支撑。根据2014年6月工信部公布的《国家集成电路产业发展推进刚要》、2017年教育部发布的《关于开展新工科研究与实践的通知》《关于推荐新工科研究与实践项目的通知》等要求,各高校积极推进新工科建设,先后形成了"复旦共识""天大行动"和"北京指南",积极探索新工科人才培养中国模式。为了提高人才培养的数量和质量,使工程应用型人才更具创新能力,我们应该树立"一流专业建设是龙头,优质课程建设是关键"的理念。

　　近年来,山东大学微电子学院作为国家示范性建设学院,以集成电路设计与集成系统、微电子科学与工程一流专业建设为目标,以人才培养模式的创新为中心,以教师团队建设、教学方法改革、实践课程培育、实习实训项目开发等一系列条件为支撑,以课程建设为着力点,以校企融合、产学研结合为突破口,实施了新工科课程改革战略。尤其在教材建设方面,学院以培养国家核心技术人才为己任,努力建设世界一流、在国内外具有重要影响的高水平学科和专业,为我国微电子与集成电路产业培养更多高级专业技术人才。学院决定从课程改革和教材建设相结合的方面进行探索,组织富有经验的教师编写适应新工科课程教学需求的专业教材,并给予大力支持。集成电路科学与工程类新工科系列教材既注重专业知识技能的提高,又兼顾理论的提升,力求满足学科需求,为学生的就业和继续深造打下坚实的基础,切实提高人才培养质量。

　　通过各位编写老师和主审老师的辛勤劳动,本系列教材即将陆续面世,希望能进一步推动微电子科学与工程和集成电路科学与工程等专业的教学与课程改革,也希望业内专家和同仁对本系列教材提出建设性和指导性意见,以便在后续教学和教材修订工作中持续改进。

　　本系列教材在编写过程中得到了行业专家的支持,同时山东大学出版社对教材的出版也给予了大力支持和帮助,在此一并表示感谢。

山东大学微电子学院

2021年1月于济南

前　言

半导体物理与器件实验是微电子及集成电路工程专业本科教学的重要组成部分。通过本课程的学习,学生能掌握半导体物理与器件实验的基本原理及测试方法,加深对相关理论知识的认识,提高实际动手能力。根据实验内容,本书共分为半导体物理实验及半导体器件实验两篇。

上篇为半导体物理实验课程,主要涉及半导体材料性质、电子输运特性及基本结构特性等方面的理论及实验。具体包括以下十个实验:单晶硅的激光定向、单晶硅中晶体缺陷的腐蚀显示、半导体材料导电类型的测定、四探针法测试半导体电阻率、霍尔效应实验、高频光电导衰减法测少子寿命、半导体材料光学特性的测量、MOS管的 $C\text{-}V$ 特性测量、PN结势垒特性及杂质的测试分析、PN结正向特性的研究和应用。

下篇为半导体器件实验课程,主要涉及各类半导体器件相关参数的测量及实验。具体包括以下十个实验:发光二极管特性参数测量、稳压二极管特性参数测量、双极型晶体管直流参数测量(1和2)、场效应管直流参数测量、晶体管基极电阻的测量、晶体管特征频率的测量、数字电桥测量电位器的电阻值、集成电路特性参数测量、太阳能电池参数测量。

本书可供微电子、集成电路及电子科学等专业的学生和教师使用或参考。本书的上下篇可分别作为半导体物理实验及半导体器件实验的教材或教学参考书。

在本书编写过程中,部建培老师提供了部分章节的参考材料,范继辉老师也对本书内容提出了有益的建议,在此一并表示感谢。

因作者水平有限,书中难免有不当之处,希望使用本书的师生能提出宝贵意见及建议。

编　者

2023年1月

目　录

上篇　半导体物理实验

实验一　单晶硅的激光定向 ················· 3

实验二　单晶硅中晶体缺陷的腐蚀显示 ················· 6

实验三　半导体材料导电类型的测定 ················· 15

实验四　四探针法测量半导体电阻率 ················· 18

实验五　霍尔效应实验 ················· 24

实验六　高频光电导衰减法测少子寿命 ················· 32

实验七　半导体材料光学特性的测量 ················· 38

实验八　MOS管的$C\text{-}V$特性测量 ················· 46

实验九　PN结势垒特性及杂质的测试分析 ················· 54

实验十　PN结正向特性的研究和应用 ················· 59

下篇　半导体器件实验

实验十一　发光二极管特性参数测量 ················· 69

实验十二　稳压二极管特性参数测量 ················· 79

实验十三　双极型晶体管直流参数测量(1) ················· 84

实验十四　双极型晶体管直流参数测量(2) ················· 90

实验十五　场效应管直流参数测量 ················· 92

实验十六　晶体管基极电阻的测量 ················· 103

实验十七　晶体管特征频率的测量 ················· 108

实验十八　数字电桥测量电位器的电阻值 ················· 112

实验十九　集成电路特性参数测量 ················· 116

实验二十　太阳能电池参数测量 ················· 120

参考文献 ················· 125

附录一　Excel中自动拟合曲线的方法 ················· 126

附录二　YB4811型半导体管特性图示仪使用说明 ················· 127

附录三　YB2811LCR数字电桥简介 ················· 130

上篇

半导体物理实验

实验一　单晶硅的激光定向

单晶体因晶体结构不同而具有各向异性的特点,即在不同的晶面上具有不同的物理化学特性。单晶硅作为目前半导体工业的主流材料,具有立方金刚石晶体结构。对于单晶硅而言,不同晶面的法向生长速度、腐蚀速度、杂质扩散速度、氧化速度和晶面的解理特性等都因晶体的取向不同而有所不同。不同器件有不同的电学及工艺特性要求,所以生产器件时需要使用不同晶向的晶片。因此,在生产及研究工作中,首先应对晶片的晶向进行确定。测定晶体取向的方法有解理法、X射线衍射法、光学反射图象法等多种,其中光学反射图象法是目前广泛使用的方法,具有操作较为简单,且能直接进行观测的优点。该方法在测定低指数晶面时具有较好的精确度。本实验采用激光晶轴定向仪,利用光学反射图象法对单晶硅晶面进行测定。

一、实验目的

(1)掌握单晶硅晶面的基本结构及特点。
(2)掌握利用激光晶轴定向仪检测单晶硅晶面的方法。
(3)掌握激光晶轴定向仪的使用方法。

二、实验仪器及材料

激光晶轴定向仪、各类晶面硅片若干。

三、实验原理

单晶体的各个晶面因原子密度及距离不同,使得晶体沿各个晶面方向的生长速度及理化特性都有显著差异。单晶硅具有立方金刚石晶体结构,其(111)晶面是原子密排面,也是解理面。当对单晶硅研磨腐蚀后,其表面将出现许多由低指数晶面围成的腐蚀坑。这些腐蚀坑对于不同晶面具有不同的形状,但都具有严格的轴对称性。因此,可以利用这些腐蚀坑进行光学定向。当一束激光垂直照射到腐蚀后的晶片表面时,因激光束的直径较大(激光晶轴定向仪的激光束直径约为1 mm),而腐蚀坑的直径大约为10 μm,因而同一束激光可以照射到许多腐蚀坑上。每一个腐蚀坑在表面上的分布虽然是不规则的,但每个腐蚀坑均具有轴对称性,因而其相应的侧面都为同一方向,使得入射光也反射在相同的方向上,从而可在光屏上显示出反映晶轴对称性的特征光谱。

在金刚石结构的单晶硅中,四个(111)晶面组成一个正四面体,夹角均为$70°31'$。对于(111)晶面、(100)晶面和(110)晶面,腐蚀坑底的平面都是垂直于相应晶轴的晶面,而其边缘上的几个侧面则为另外一些具有特定结晶学指数的晶面族。这些侧面按轴对称的规律围绕着腐蚀坑的底面,从而构成各种具有特殊对称性的腐蚀坑构造。

对于沿⟨111⟩晶向族轴向生长的直拉单晶硅,其垂直晶轴切片的截面为(111)晶面,经研磨和腐蚀处理后,在晶面上将形成许多三角腐蚀坑[见图1.1(a)],腐蚀坑的侧面及截顶面都为(111)晶面。当平行光垂直入射到(111)晶面时,腐蚀坑的侧面及截顶面将反射成光斑[见图1.1(b)]。若截面为(100)晶面,则其腐蚀坑为由五个(111)晶面所围成的截顶四方坑[见图1.2(a)],其反射光图为对称的四叶光瓣[见图1.2(b)]。(110)晶面的腐蚀坑形状如图1.3(a)所示,它有两个与⟨110⟩晶向族夹角成$5°44'$的(111)晶面,它们是光象的主要反射面。另外,它还有两个与⟨110⟩晶向族平行的(111)晶面族,一般情况下形成如图1.3(b)所示的反射光斑。

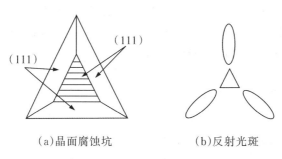

(a)晶面腐蚀坑　　　　　　(b)反射光斑

图1.1　(111)晶面腐蚀坑及反射光斑示意图

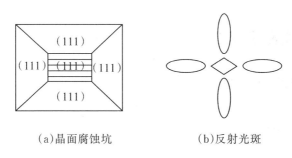

(a)晶面腐蚀坑　　　　　　(b)反射光斑

图1.2　(100)晶面腐蚀坑及反射光斑示意图

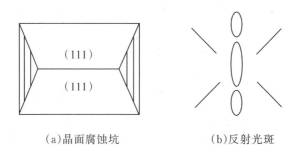

(a)晶面腐蚀坑　　　　　　(b)反射光斑

图1.3　(110)晶面腐蚀坑及反射光斑示意图

根据反射光斑的形状及对称性,我们可以直接识别出被测晶体的晶向。若实际晶面与标准晶面存在一定偏差角 φ,根据晶面偏差角与水平方位角 α 和垂直方位角 β 的关系(见图1.4)可以得到:

$$\cos \varphi = \cos \alpha \times \cos \beta \tag{1.1}$$

从而可以得到晶面偏差角 φ。

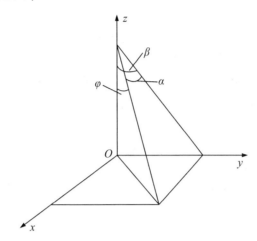

图1.4　晶面偏差角与水平方位角和垂直方位角的关系

四、实验内容及步骤

(1)样品腐蚀:将待测硅片用208金刚砂在平板玻璃上进行湿磨,使表面出现肉眼可见的解理坑。然后将硅片放入装有5%NaOH腐蚀液的烧杯中,煮沸10 min后取出,用清水冲洗,烘干。

(2)打开激光晶轴定向仪电源,调整光屏,使激光束通过光屏上的透光小孔射出。

(3)将待测样品未研磨面通过载玻片用蜡液黏结在晶体夹具上。

(4)调节晶体夹具底座,使其朝向激光光轴并来回移动,使激光照射在无样品和蜡液的载玻片表面。调节夹具角度(包括水平角和俯仰角)及高度,使载玻片反射光中心点与透光孔重合,记录此时的水平方位角 α_1 及垂直方位角 β_1。

(5)调节晶体夹具底座,使激光照射在晶片表面,调节各方位角旋钮,使反射光斑中腐蚀坑底的反射光中心点与光屏上的透光孔重合,记录此时的水平方位角 α_2 及垂直方位 β_2。根据相应反射光路图判断晶面晶向。

(6)关闭激光晶轴定向仪电源。

五、实验分析及探究

(1)根据反射光斑判断晶面晶向。

(2)由 $\alpha = \alpha_2 - \alpha_1$ 和 $\beta = \beta_2 - \beta_1$ 计算晶面偏差角 φ。

(3)分析腐蚀程度对反射光斑的影响。

实验二　单晶硅中晶体缺陷的腐蚀显示

单晶硅中的各种缺陷对半导体器件的性能有很大影响,会造成扩散界面不平整,使晶体管中出现管道,引起 PN 结的反向漏电增大等问题。各种缺陷的产生和数量的多少与晶体及半导体器件的制备工艺有关。硅晶体中缺陷的检测对于半导体器件的生产研究具有重要意义。观察晶体缺陷的实验仪器有许多,如透射电子显微镜、红外显微镜及金相显微镜等。表面缺陷也可以用扫描电子显微镜来观察。金相腐蚀显示技术具有设备简单、操作易掌握以及比较直观等优点,是观察和研究晶体缺陷最常用的方法之一。金相腐蚀显示技术可以揭示缺陷的数量和分布情况,找出缺陷形成、增殖与晶体制备工艺及半导体器件制作工艺的关系,为改进工艺、减少缺陷、提高器件合格率和改善器件性能提供帮助。

一、实验目的

(1)掌握单晶硅中点缺陷、线缺陷、面缺陷的特征。
(2)了解金相显微镜的光学原理和构造。
(3)掌握利用金相显微镜观察晶体缺陷的方法。

二、实验仪器及材料

金相显微镜、硅片若干。

三、实验原理

(一)硅晶体中的缺陷

单晶硅属于面心立方金刚石结构,晶格常数 $a=5.4305$ Å$(1$ Å$=0.1$ nm$)$。在理想的单晶硅晶体中,硅原子按一定的规则排列在周期性的空间格点上。但在实际的单晶硅中,因生长工艺、热处理和晶体加工等因素的影响,实际的晶体结构与理想的晶体结构有一定偏离,这种偏离即为晶体中的缺陷。按照维度,单晶硅中的缺陷主要有点缺陷、线缺陷和面缺陷三类。

1.点缺陷

点缺陷是指三维尺寸都很小、直径不超过几个原子的缺陷,也称为"零维缺陷"。点

缺陷主要包括本征点缺陷、杂质点缺陷、微缺陷等。单晶硅中硅原子偏离晶格而造成的
点缺陷称为"本征点缺陷"。本征点缺陷包含两种基本形式,分别为肖特基缺陷和弗兰克
缺陷。肖特基缺陷是指某些格点位置的原子会因为热运动而离开原来位置来到晶体表
面,从而在晶体内部留下一个空格点,这种缺陷也称为"空位"。弗兰克缺陷是指脱离格
点的原子进入晶体内部的间隙位置,从而在晶体内部同时出现空位和间隙原子的缺陷。
杂质点缺陷包括磷、硼、碳、氧等杂质原子所形成的替位式杂质点缺陷及间隙式杂质点缺
陷。单晶体中的空位和间隙原子浓度在热平衡时随温度升高而增加,但在冷却过程中空
位和间隙原子通过相互复合或扩散到晶体表面的形式使得两者的浓度下降。另外,空位
和间隙原子也会和碳、氧及金属杂质等凝聚成沉积团,这种沉积团被称为"微缺陷"。目
前尚无有效手段观察空位和间隙原子,但微缺陷可用金相腐蚀显示技术进行观察。

2.线缺陷

单晶硅中的线缺陷是指在一维尺度上较大的缺陷,如位错等。晶体在生长过程中,
受到热应力引起塑性形变,在某些晶面族间产生滑移。如果晶面上发生局部滑移,则在
滑移区和未滑移区之间会形成一条位错线。位错一般包括刃位错和螺位错。若一条位
错线处处都是刃位错(或螺位错),则称为"纯刃位错"(或"纯螺位错"),否则就成为混合
位错。位错线具有封闭性,它可以自成封闭回路,也可以终止在晶体表面或晶粒间界上,
但不能终止在晶体内部。

(1)刃位错:刃位错有一个额外的半原子面,其位错线是多余半原子面与滑移面的交
线,且垂直于滑移方向及柏氏量,如图2.1所示。刃位错线可以是直线、折线或曲线,其滑
移面是同时包含有位错线和滑移矢量的平面。晶体中存在刃位错后,周围的点阵将发生
弹性畸变,其中既有正应变也有负应变。位错线周围畸变区的每个原子都具有较大的平
均能量,畸变区形状是一个狭长的管道。

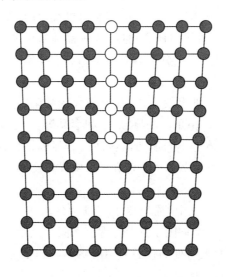

图2.1 刃位错原子排列示意图

(2)螺位错:晶体中滑移区与未滑移区的边界线(即位错线)若平行于滑移方向,则在

该处附近原子平面已扭曲为螺旋面,即位错线附近的原子是按螺旋形式排列的,这种晶体缺陷称为"螺位错",如图2.2所示。螺位错具有以下特点:

①螺位错无额外的半原子面,原子错排列呈轴对称。

②位错线与滑移矢量平行,故纯螺位错只能是直线,且与位错线移动方向和晶体滑移方向垂直。

③纯螺位错的滑移面不是唯一的,凡包含螺位错线的平面都可以作为它的滑移面。但实际上,滑移通常是在原子密排面上进行的。

④螺位错线周围点阵也会发生弹性畸变,但只有平行于位错线的切应变,不会引起体积的膨胀与收缩。

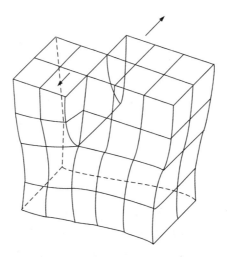

图2.2　螺位错原子排列示意图

(3)混合位错:晶体中滑移区与未滑移区的边界线(即位错线)既不平行也不垂直于滑移方向,即滑移矢量与位错线成任意角度,这种晶体缺陷称为"混合位错"。混合位错可分为刃型分量和螺型分量,它们分别具有刃位错和螺位错的特征。

3.面缺陷

面缺陷是指单晶硅中一维上较小、三维上较大的缺陷,它是晶体中某一晶面的晶格不完整所形成的一种缺陷,如小角度晶界、层错和孪晶等。

(1)小角度晶界:在晶体中不同取向晶粒间的分界面即为晶界。当晶界两边晶体取向的偏离角度大于10°时,此晶界称为"孪晶";当偏离角度小于10°时,此晶界称为"小角度晶界"。

(2)层错:在晶体生长过程中,局部原子密排面的层序发生错排所造成的缺陷称为"层错"。图2.3为面心立方晶体中的本征层错示意图。以[111]晶向生长的原子分布在(111)晶面上,其在(111)面上所处的位置可以分为A、B、C三类。在无层错晶体中,各层原子应按ABCABC……的次序排列。若排列次序发生错乱,中间部分如图2.3所示,该部分即为晶体中的本征层错,层序反常区域和层序正常区域的交界面就是层错面。层错可以像图2.3那样层序发生错乱,也可以是多一层或少一层原子面,如图2.4所示。

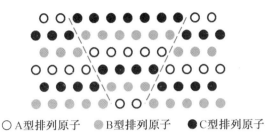

○A型排列原子 ●B型排列原子 ●C型排列原子

图2.3 面心立方晶体中的本征层错

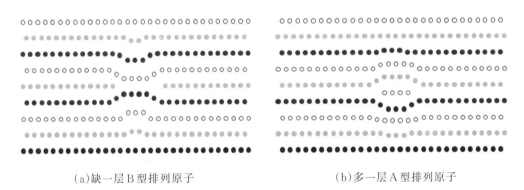

(a)缺一层B型排列原子　　　　(b)多一层A型排列原子

图2.4 层错示意图

(二)单晶硅中缺陷的腐蚀显示

单晶硅中的位错等缺陷与硅片表面相交部分较小,无法直接通过金相显微镜进行观察。但缺陷区域不仅内应力较高,且易有杂质富集,造成缺陷区比其他区域更容易被腐蚀。通过特定腐蚀液的腐蚀,缺陷区域形成尺度较大的腐蚀坑,这类具有一定特征的腐蚀坑可通过金相显微镜进行观察、鉴别,实现对单晶硅不同缺陷的检测。

1.单晶硅腐蚀液

单晶硅腐蚀液主要有两类:一类为非择优腐蚀剂,主要用于晶体表面的清洁处理,去除机械损伤层以及化学抛光;另一类为择优腐蚀剂,主要用于显示缺陷。

常用的非择优腐蚀剂的配比为 $HF(40\%\sim42\%):HNO_3(65\%)=1:2.5$,其反应过程为

$$Si+4HNO_3+6HF = H_2SiF_6+4NO_2+4H_2O$$

常用的择优腐蚀剂主要有以下两种:

(1)希尔腐蚀液(铬酸腐蚀液):先用50g CrO_3 与100 g去离子水配成铬酸溶液,然后将1份铬酸溶液与0.5~2份氢氟酸(40%~42%)复配。希尔腐蚀液对硅片的腐蚀速度随其中氢氟酸的比例增加而增加,一般可采用1:1的比例。希尔腐蚀液的化学反应方程式为

$$Si+CrO_3+8HF = H_2SiF_6+CrF_2+3H_2O$$

(2)达希腐蚀液:达希腐蚀液由氢氟酸、硝酸、醋酸复配而成,配比为 $HF(40\%\sim42\%):HNO_3(65\%):CH_3COOH(99\%)=1:2.5:10$。

2.线位错的腐蚀坑特征

采用具有择优腐蚀作用的希尔腐蚀液对单晶硅进行腐蚀。在硅晶体中,(111)晶面具有最大的原子密度,腐蚀速率最慢。因此,腐蚀坑一般以(111)晶面为腐蚀终止面。这使得不同晶向硅片上的腐蚀坑呈现不同的形状。对于截面为(111)晶面的硅片,其位错腐蚀坑呈黑三角形,如图2.5(a)所示;刃位错腐蚀坑为台阶式正三角形,如图2.5(b)所示;螺位错腐蚀坑能看到螺线,如图2.5(c)所示。

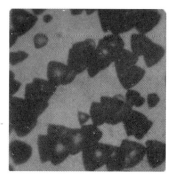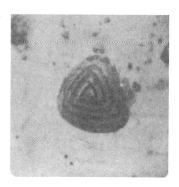

（a)位错腐蚀坑　　　　　　　（b)刃位错腐蚀坑　　　　　　　（c)螺位错腐蚀坑

图2.5　(111)面位错腐蚀坑

如果晶向略微偏离[111]晶向,则对称性被破坏,腐蚀坑也会发生变形,如图2.6所示。

图2.6　偏离[111]晶向晶面的位错腐蚀坑

对于(110)晶面的硅片,其位错腐蚀坑为菱形,如图2.7所示。对于(100)晶面的硅片,因腐蚀条件的差异,会出现方形、小丘等形态各异的位错腐蚀坑,如图2.8所示。

图2.7　(110)面位错腐蚀坑

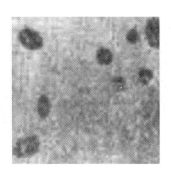

图2.8　(100)面位错腐蚀坑

在高温条件下,若位错在滑移过程中遇到障碍物,则其会被障碍物阻止,后续的滑移位错也将在此停止,从而形成一个整齐的队列形式,这种位错称为"位错排",如图2.9所示。在(111)晶面上可以发现位错排中所有三角形位错腐蚀坑的底边都在一条直线上。

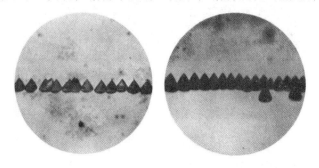

图2.9　位错排

大量的位错排构成星形结构。在沿[111]晶向生长的晶体中,星形结构的特定形状可以是三角星形(见图2.10)或六角星形。

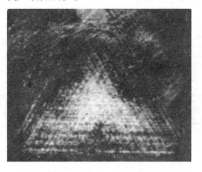

图2.10　位错排构成的三角星形结构

3.面位错的腐蚀坑特征

在沿[111]晶向生长的单晶硅中,小角度晶界的腐蚀坑为长短不一、角底相顶连续排列的三角形位错腐蚀坑,如图2.11所示。

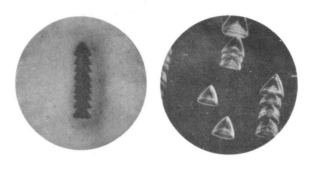

（a）较短的小角度晶界

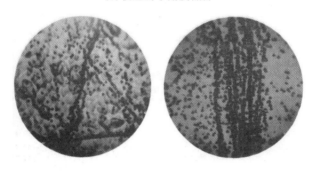

（b）长而多的小角度晶界

图2.11　小角度晶界腐蚀坑

　　层错的腐蚀图形如图2.12所示，它的腐蚀坑由一条斜面槽构成。这些斜面槽在(111)密排晶面的层错中多数呈现为等边三角形，也有成为一条直线或自成120°角或相互交成60°角、120°角，其方向通常沿[110]晶向。层错可以贯穿到晶体表面，也可以终止于晶体内的半位错或晶粒间界处，如图2.13所示。

图2.12　层错腐蚀图形

图2.13 终止于位错处的层错

（三）金相显微镜

本实验使用正置金相显微镜观察晶体缺陷。金相显微镜可用来观察单晶硅腐蚀坑及金属的显微组织,广泛应用于单晶硅中缺陷的观察和研究分析以及各种铸件的质量鉴定,也可用于原材料的检验或处理后材料的金相组织观察等。本实验所用的正置金相显微镜主要由照明设备、调焦手轮、载物台、物镜、转换器、目镜、聚光镜、摄影摄像等部分组成。

四、实验内容及步骤

（一）样品处理

将抛光硅片清洗后,根据晶向不同分别采用不同腐蚀液进行腐蚀。(111)晶面及(110)晶面硅片样品采用希尔腐蚀液在室温下腐蚀5~10 min,以显示位错等缺陷。腐蚀后用去离子水冲洗干净,烘干后进行观察。(100)晶面硅片样品可采用达希腐蚀液在35 ℃条件下,腐蚀3~4 h。

（二）缺陷观察

(1)接通电源,将显微镜主电源开关置于接通状态。调节调光手轮,将照明亮度调到观察舒适为止。顺时针转动调光手轮,亮度逐渐增强;逆时针转动,亮度逐渐减弱。

(2)光路选择:对于三通观察头,我们可通过光路选择杆控制双目和三通的光能比。当光路选择杆推到最里面时,光线全部进入双目观察筒;当光路选择杆拉到最外面时,双目与三通可同时进行观察。一般情况下,进行双目观察时须将光路选择杆推到最里面,进行三通观察时须将光路选择杆拉到最外面。

(3)调焦:将所要观察的样品放在载物台上,将5×物镜移入光路;将随机上限位手轮松开,用右眼观察右目镜,转动粗动手轮,直到视场内出现观察样品的轮廓,再将随机上限位手轮锁紧;转动微调手轮,使样品的细节清晰。

(4)视度调节:右目镜成像清晰后,用左眼观察左目镜,若成像不清晰,可旋转调节目镜上的视度调节环,使成像清晰。

(5)瞳距调节:双眼观察时,双手分别握住左右棱镜座绕转轴,通过旋转绕转轴来调节瞳距,直到双眼观察时左右视场合二为一,观察舒适为止。

(6)观察缺陷:转动载物台位置,选择所需观察的位置并且仔细地观察各种物象的图形,记下位置和视场中的缺陷类型,并拍照保存。根据不同的情况和要求,转动物镜转换器或切换目镜来获得各种放大倍数,观察经不同腐蚀时间处理后的硅片样品,并拍照保存。

五、实验分析及探究

(1)根据拍摄的照片,分析判断缺陷的类型及其密度情况。

(2)分析腐蚀时间对缺陷的影响。

实验三 半导体材料导电类型的测定

半导体的导电类型是半导体材料重要的基本参数之一。目前有多种方法对半导体的导电类型进行测定。常用的测定方法有:冷热探针法、单探针点接触整流法、三探针法以及霍尔测量法等。

一、实验目的

(1)学习测定半导体单晶材料导电类型的方法。
(2)掌握半导体导电类型测试仪测定导电类型的方法。

二、实验仪器及材料

半导体导电类型测试仪、硅片若干。

三、实验原理

本实验主要介绍冷热探针法、单探针点接触整流法两种测定半导体导电类型的方法。

(一)冷热探针法

冷热探针法是利用半导体的温差电效应来测定半导体导电类型的。对于一个处于热平衡的半导体,其内部的载流子是均匀分布的。当在半导体两端施加不同温度时,热端激发的载流子浓度将高于冷端的浓度,从而形成一定的载流子浓度梯度。载流子将由热端向冷端扩散。对于半导体而言,其导电作用主要依靠多数载流子(简称“多子”)。以P型半导体为例,其多子为空穴。当在热端加热时,空穴向冷端扩散,从而在冷端积聚,产生高电势;热端因电离受主的出现而带负电荷,产生低电势,这就是温差电效应。若用探针分别连接半导体的冷端和热端形成回路,则电流将从电势高的冷端通过外电路流向热端,如图3.1(a)所示。从能带的角度来看,当半导体处于热平衡时,体内温度相等,能带和费米能级都处于水平状态。对某一端加热后,由于冷端电势较高,因而冷端能带相对于热端能带向下倾斜。同时,相对于冷端,热端的费米能级距离价带更远,如图3.1(b)所示,图中E_C、E_F、E_V分别代表导带底、费米能级、导带顶的能量值。

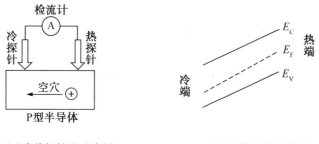

（a）冷热探针法示意图　　　　　　（b）能带倾斜示意图

图3.1　冷热探针法示意图和能带倾斜示意图

同理,对于N型半导体,其电子为多子,加热时电子在冷端积聚,使得冷端电势低于热端电势,在外电路形成的电流会从热端流向冷端。同时,冷端的主能带向热端倾斜。因此,通过检流计中电流的方向即可判断半导体的导电类型。一般冷探针由不锈钢材料制成,热探针由金属钨制成。因冷热探针法检测的是流过半导体的电流,故该方法对于低阻半导体材料有较高的灵敏度,其检测范围为 $10^{-4} \sim 10^4$ $\Omega \cdot \text{cm}$。

（二）单探针点接触整流法

金属和半导体接触可以分为欧姆接触和整流接触两种情况。当半导体的掺杂浓度较低时,金属和半导体接触就可以形成整流接触。当P型半导体与金属整流接触时,将形成一个由金属指向P型半导体的势垒电场;当N型半导体与金属整流接触时,将形成一个由N型半导体指向金属的势垒电场。通过检测金属与半导体构成的肖特基二极管的正负极,即可判断出相应半导体的导电类型。

图3.2给出了单探针点接触整流法测量半导体样品导电类型的示意图。交流调压器一端接地,并与半导体样品形成欧姆接触的电极相连;另一端经检流计与钨探针相连,而钨探针的尖端与半导体样品为整流接触。单探针点接触整流法主要利用金属与半导体材料的整流接触来测量半导体的导电类型。对于低阻半导体材料,金属与半导体之间的隧道效应可能会导致金属与半导体之间形成欧姆接触,从而影响测量的准确性。因此单探针点接触整流法更适合于检测具有较高电阻率的半导体材料,其检测范围为 $10^{-2} \sim 10^4$ $\Omega \cdot \text{cm}$。

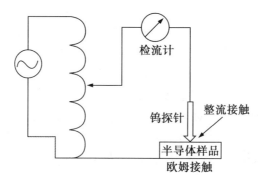

图3.2　单探针点接触整流法测量半导体样品导电类型的示意图

四、实验内容及步骤

(1)取不同电阻率的硅片或外延片,分别测量并记录其电阻率。

(2)根据测得的电阻率,从冷热探针法、单探针点接触整流法中选择合适的方法,测量硅片的导电类型。

(3)采用冷热探针法测量半导体材料的导电类型时应先开启电源,将热探针温度调为80 ℃,预热探针至设定温度后即可开始测量。

五、实验分析及探究

根据测得的硅片导电类型,结合其电阻率分析测量结果的准确性。

实验四 四探针法测量半导体电阻率

电阻率是半导体材料的重要电学特性之一。半导体材料电阻率的测量方法有多种，其中四探针法具有设备简单、操作方便、测量精度高以及对半导体材料的形状无严格要求等优点，是目前测量半导体材料电阻率的常用方法。

一、实验目的

(1)掌握四探针法测量半导体电阻率和薄层电阻的原理与方法。
(2)掌握不同形状、不同尺寸样品的修正方法。
(3)了解四探针法测量半导体电阻率和薄层电阻的影响因素与改进措施。

二、实验仪器及材料

双电测四探针测试仪、硅片若干。

三、实验原理

(一)半导体电阻率的测量原理

设半无穷大样品具有均匀电阻率 ρ，探针 1 和探针 4 与半导体表面接触会形成点电流源，电流强度为 I，探针(探针间距为 S)下的等位面和电场线如图 4.1 所示。等位面是以点电流源为中心的半球面。在以 r 为半径的半球面上，电流密度 j 均匀分布，因此有

$$j = \frac{I}{2\pi r^2}$$

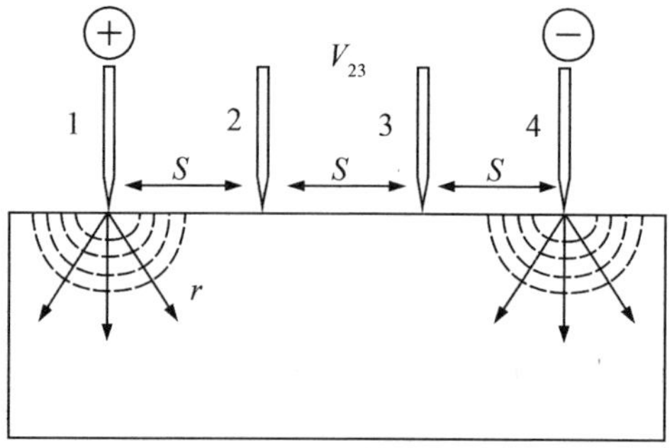

图 4.1 电流探针下的等位面和电场线

设 E 为等位面上的电场强度,则有

$$E = j\rho = \frac{I\rho}{2\pi r^2}$$

因为

$$E = -\frac{\mathrm{d}V}{\mathrm{d}r}$$

可得

$$\mathrm{d}V = -E\mathrm{d}r = -\frac{I\rho}{2\pi r^2}\mathrm{d}r$$

设当 r 为无穷大时电位为零,由此可得

$$\int_0^{V(r)} \mathrm{d}V = \int_\infty^r -E\mathrm{d}r = -\frac{I\rho}{2\pi}\int_\infty^r \frac{\mathrm{d}r}{r^2}$$

在 r 处形成的电势 $V(r)$ 为

$$V(r) = \frac{I\rho}{2\pi r} \tag{4.1}$$

对于图 4.1 所示的情形,四根探针位于样品中央,电流从探针 1 流入,从探针 4 流出,则可将探针 1 和探针 4 认为是点电流源。由式(4.1)可知,探针 2 和探针 3 的电位分别为

$$V_2 = \frac{I\rho}{2\pi}\left(\frac{1}{r_{12}} - \frac{1}{r_{24}}\right)$$

$$V_3 = \frac{I\rho}{2\pi}\left(\frac{1}{r_{13}} - \frac{1}{r_{34}}\right)$$

式中,r_{12} 为探针 1 与探针 2 之间的距离;r_{24} 为探针 2 与探针 4 之间的距离;r_{13} 为探针 1 与探针 3 之间的距离;r_{34} 为探针 3 与探针 4 之间的距离。

探针 2 和探针 3 的电位差为

$$V_{23} = V_2 - V_3 = \frac{I\rho}{2\pi}\left(\frac{1}{r_{12}} - \frac{1}{r_{24}} - \frac{1}{r_{13}} + \frac{1}{r_{34}}\right)$$

由此可得出半导体样品的电阻率为

$$\rho = \frac{2\pi V_{23}}{I}\left(\frac{1}{r_{12}} - \frac{1}{r_{24}} - \frac{1}{r_{13}} + \frac{1}{r_{34}}\right)^{-1} \tag{4.2}$$

式(4.2)为直流四探针法测量电阻率的一般公式。只需测出流过探针 1 和探针 4 的电流 I 以及探针 2 和探针 3 间的电位差 V_{23},代入四根探针的间距,就可以求出该半导体样品的电阻率 ρ。实际测量中,最常用的是直线型四探针法,即四根探针的针尖位于一条直线上,并且间距相等(即 $r_{12} = r_{23} = r_{34} = S$),则有

$$\rho = \frac{2\pi V_{23}}{I}S \tag{4.3}$$

式(4.3)是在半无穷大样品的基础上导出的,实际应用中必须满足样品厚度及边缘与

探针之间的最近距离大于四倍探针间距,这样才能使该式具有足够的精确度。

如果被测样品不是半无穷大,而是厚度、横向尺寸一定,需要引入适当的修正系数 B_0,此时有

$$\rho = \frac{2\pi V_{23}}{I B_0} S$$

(二)极薄样品电阻率的测量原理

对于厚度 t 比探针间距小很多,而横向尺寸为无穷大的样品,测量时电流从探针1流入,从探针4流出,其等位面近似为圆柱面,该圆柱面的高为 t。设任一等位面的半径为 r,通过类似于对半无穷大样品的推导,可求出电流探针1在样品 r 处的电位为

$$(V_r)_1 = \int_r^{\infty} \frac{\rho I}{2\pi r t} \, dr = -\frac{\rho I}{2\pi t} \ln r$$

而探针4在样品 r 处的电位为

$$(V_r)_4 = \frac{\rho I}{2\pi t} \ln r$$

探针1和探针4在探针2处的电位为

$$(V_2)_{14} = (V_2)_1 + (V_2)_4 = \frac{\rho I}{2\pi t} \ln\left(\frac{S+S}{S}\right) = \frac{\rho I}{2\pi t} \ln 2$$

探针1和探针4在探针3处的电位为

$$(V_3)_{14} = (V_3)_1 + (V_3)_4 = \frac{\rho I}{2\pi t} \ln\left(\frac{S}{S+S}\right) = \frac{\rho I}{2\pi t} \ln \frac{1}{2}$$

所以

$$V_{23} = (V_2)_{14} - (V_3)_{14} = \frac{\rho I}{2\pi t}\left(\ln 2 - \ln \frac{1}{2}\right) = \frac{\rho I}{\pi t} \ln 2$$

由此可得极薄样品的电阻率为

$$\rho = \frac{\pi}{\ln 2} t \frac{V_{23}}{I} = 4.532 t \frac{V_{23}}{I} \tag{4.4}$$

由式(4.4)可知,对于极薄样品,在等间距探针情况下,电阻率 ρ 与样品厚度 t 成正比,与探针间距无关。

(三)扩散层薄层电阻(方块电阻)的测量原理

半导体工艺中普遍采用四探针法测量扩散层的薄层电阻。在P型或N型单晶硅衬底上扩散的N型杂质或P型杂质会形成PN结。由于反向PN结的隔离作用,扩散层下的衬底可视为绝缘层,因而可由四探针法测出扩散层的薄层电阻。

薄层电阻 R_S 也称为"方块电阻",即长宽相等的一个电阻,如图4.2所示。图4.2所示薄层电阻是一个均匀薄层导体,长宽分别为 L、W,且 $L = W$,厚度为 x_j,则有

$$R_S = \rho \frac{L}{x_j \cdot W} = \frac{\rho}{x_j}$$

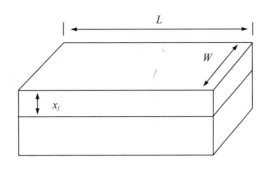

图4.2　薄层电阻示意图

当扩散层的厚度远小于探针间距,且晶片面积对于探针间距可视为无穷大时,样品薄层电阻为

$$R_s = \frac{\pi}{\ln 2} \cdot \frac{V}{I} \tag{4.5}$$

薄层电阻的大小仅与薄层导体的厚度有关,与长度无关。

(四)测量注意事项

在用四探针法测量半导体的电阻率时,要求探头边缘到材料边缘的距离远大于探针间距,一般要求10倍以上。测量应在无振动的条件下进行,且需要根据被测对象给予探针一定的压力,以免探针振动引起接触电阻变化。光电导和光电压效应也会严重影响电阻率测量,因此要在无强光直射的条件下进行测量。半导体材料的电阻率一般具有明显的温度系数,过大的电流会导致电阻发热,所以测量要尽可能在小电流条件下进行。高频信号会引入寄生电流,所以测量设备要远离高频信号发生器或能够屏蔽干扰信号,以防高频干扰。

四、实验内容及步骤

(1)将主机、探针测试台、四探针探头与计算机正确连接,将四探针测试仪主机后面板上的开关置于"开"的位置,启动计算机桌面上的双电测四探针软件测试系统。

(2)将样品置于探针测试台上,操作探针台压下探针,使样品接通电流。

(3)选择要对样品进行测量的类型,输入相关参数。

①执行"测量"功能:"测量"功能相当于手动测量,需自行确定适合被测材料的量程和电流。在对样品进行测量前需在"测试参数"窗口中选择样品的测量类型,并输入样品测量中需要的相关属性参数。测量类型有"薄层方块电阻"和"薄片电阻率"两个选项,实验时可根据需要选择相应的测量类型。输入测量属性参数时,各属性项会因测量类型的不同而产生变化,各属性项如下:

a.晶片标识:对待测量的材料进行标识,可输入长度为6位的中英文文字符串组合,辅助记录测量数据。

b. 探针平均间距:RTS-9型四探针测试仪搭配使用的四探针探头的平均探针间距为1 mm,所以四探针测试仪系统中此属性项的默认值为1。

c. 厚度:此属性项是测量薄片电阻率时必需的参数,输入厚度值需在4 mm以内。

d. 电流量程:在执行"测量"功能时应选择适当的电流量程来测量样品的电阻率或薄层方块电阻。测量薄层方块电阻时可参考表4.1选择量程,测量薄片电阻率时可参考表4.2选择量程。操作者可通过计算机直接控制四探针测试仪的电流量程切换,而不用手动在四探针测试仪主机上操作,可通过选择不同电流量程挡观察到四探针测试仪的变化。

表4.1　薄层方块电阻测量的电流量程选择表

电阻/Ω	电流量程
<2.5	100 mA
2.0~25	10 mA
20~250	1 mA
200~2500	100 μA
2000~25 000	10 μA
>20 000	1 μA

表4.2　薄片电阻率测量的电流量程选择表

电阻率/(Ω·cm)	电流量程
<0.03	100 mA
0.03~0.3	10 mA
0.3~30	1 mA
30~300	100 μA
300~3000	10 μA
>3000	1 μA

"测试参数"设置完毕后,单击"测量"按钮进行测量。此时双电测四探针软件测试系统将弹出调节电位器的窗口,操作者须调节四探针测试仪上的电位器,使其测量电流为弹出窗口上计算出来的电流值。按窗口的提示要求调节电流值后,单击"确定"按钮,测量将继续。

在计算机与主机测量控制采集数据过程中,"实时采集两次组合模式下的电压值"窗口将实时显示样品测量点两次组合模式下的电压正反向值、平均值。当测量数据采集完成后,"统计测试数据"窗口将会记录和显示此次测量采集到的数据和相关的统计分析数据。

第一次测量完成后,再次单击"测量"按钮,进行第二次测量,"统计测试数据"窗口将会记录第二次样品的测量数据。重复上述过程,记录每一次样品的测量数据。

②执行"自动测量"功能:在不知道被测样品允许通过的电流范围时,"自动测量"功能不需要逐挡测量就可以自动比较各电流量程挡,找到适合被测试样品的电流量程。

在使用"自动测量"功能之前,需在"测试参数"窗口选择测量类型、输入材料的相关属性参数值,而电流量程可不用确定。参数设定完成后,单击"自动测量"按钮,按提示要求调节电流值为 10 μA,单击"确定"按钮,仪器将进行自动测量。

自动测量完成后,数据会同步到"统计测量数据"窗口。重复上述步骤,对样品进行多次测量。

注意:自动测量从 10 μA 挡开始,因此要先调节电位器使主机电流为 10.000 μA,然后单击"确定"按钮执行自动测量。若电流无法调节为 10.000 μA,可使用"测量"功能进行测量,不要使用"自动测量"功能。单击"退出"按钮退出"自动测量"功能。

(4)样品测试完成后,保存"统计测量数据"窗口的记录到计算机中。保存在计算机中的数据文件都以".RTS-9_Four"为后缀名。

(5)单击"输出文件到 Excel"按钮,将"统计测量数据"窗口的数据输出到 Excel 中进行更详细的数据分析。

注意:测量完一个样品后,要测量新的样品时须单击"新建测量"按钮。此时,"统计测量数据"中已记录的上一个样品测量数据会全被清空,所以在"新建测量"前,务必保存数据。

(6)测量 5 个样品的电阻率和方块电阻,每个样品测量 10 组数据,分别为 5 组"测量"功能下测得的数据和 5 组"自动测量"功能下测得的数据。

五、实验分析及探究

(1)为什么要用四探针进行测量,能否只用两根探针测量样品的电阻率和方块电阻?

(2)实验中哪些因素能够使实验结果产生误差?

实验五　霍尔效应实验

霍尔效应是一种电磁效应,由美国物理学家霍尔(E. H. Hall)于1879年发现。当电流方向与磁场方向垂直时,在垂直于电流和磁场的方向会产生一个附加的横向电场,这个现象被称为"霍尔效应"。随着半导体物理学的发展,霍尔系数和电导率的测量已成为研究半导体材料的主要方法之一。通过测量半导体材料的霍尔系数和电导率,人们可以判断材料的导电类型、载流子浓度、载流子迁移率等主要参数。通过测量霍尔系数和电导率随温度变化的关系,人们还可以求出半导体材料的杂质电离能和材料的禁带宽度。利用霍尔效应原理制备的霍尔器件具有结构简单、频率响应宽、寿命长、可靠性高等优点,已广泛应用于自动控制和信息处理等科研生产领域。

一、实验目的

(1)了解霍尔效应原理。
(2)掌握霍尔系数和电导率的测量方法以及霍尔效应中副效应的产生和消除。
(3)掌握通过数据处理来判别样品导电类型以及获得半导体材料相关参数的方法。
(4)掌握动态法测量霍尔系数的方法,了解霍尔系数与电导率和温度的关系。

二、实验仪器

变温霍尔效应测试仪。

三、实验原理

(一)半导体中的载流子

半导体材料的导电原理依赖于载流子的定向移动,其导电能力主要由材料中的载流子数量及迁移率决定。半导体材料依据掺杂程度的不同可分为本征半导体和非本征半导体(即掺杂半导体)两类。本征半导体是指完全不含杂质且无晶格缺陷的纯净半导体。掺杂半导体是指在本征半导体中掺入某些杂质元素,使半导体的导电特性发生明显变化的半导体。在本征半导体中,其载流子数量主要由本征激发决定。当半导体的温度高于绝对零度时,就会有部分电子脱离共价键的束缚,形成自由电子(N型载流子),即电子从价带被激发到导带,同时在价带中产生空穴(P型载流子),这个过程即为本征激发,其示意图如图5.1所示。

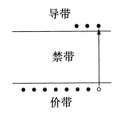

图 5.1　本征激发示意图

与金属导体中只有自由电子导电不同,半导体中参与导电的载流子既有自由电子又有空穴,两种载流子同时参与半导体的导电过程。半导体材料的本征激发随着温度的升高而增强。处于热平衡状态的本征半导体在一定温度下,其电子和空穴都是成对产生的。因此,在本征半导体中的N型载流子电子和P型载流子空穴的浓度相等,该浓度可统称为载流子的"本征浓度",记为n_i,由玻尔兹曼统计可得

$$n_i = (N_C N_V)^{\frac{1}{2}} e^{-\frac{E_g}{2kT}} = KT^{\frac{3}{2}} e^{-\frac{E_g}{2kT}}$$

式中,N_C、N_V分别为导带、价带有效状态密度;K为常数;T为温度;E_g为禁带宽度;k为玻尔兹曼常数。

根据掺杂元素以及载流子性质的不同,掺杂半导体可分为N型半导体和P型半导体。在掺杂半导体中,掺杂元素的性质和浓度直接影响了半导体材料的载流子浓度。在硅、锗等Ⅳ族元素半导体材料中,一般通过掺入微量Ⅲ族或Ⅴ族元素杂质来实现掺杂。若在硅、锗等材料中掺入硼或铝等Ⅲ族元素杂质,Ⅲ族元素原子将在晶格中取代部分硅原子,并从邻近硅原子价键上夺取一个电子成为负离子,使得硅原子价键上产生一个空穴。从能带的角度来看,Ⅲ族原子在禁带中形成了浅受主杂质能级,价带中的电子就很容易被激发到禁带中的浅受主能级上,从而在价带中留下空穴参与导电,如图5.2(a)所示。这样的杂质叫作"受主杂质",由受主杂质电离而提供空穴导电为主的半导体材料称为"P型半导体"。当温度较高时,浅受主杂质几乎完全电离,这时价带中的空穴浓度接近受主杂质浓度。

同样,若在Ⅳ族元素半导体中掺入Ⅴ族元素(如磷、砷等),则杂质原子与硅原子形成共价键时,多余的一个价电子受到的束缚较弱,很容易脱离束缚,从而使磷原子成为正离子,并提供一个自由电子,如图5.2(b)所示。从能带的角度来看,Ⅴ族原子在禁带中形成了浅施主杂质能级,浅施主能级上的电子很容易被激发到导带上参与导电。通常把这种向半导体提供一个自由电子而本身成为正离子的杂质称为"施主杂质",以施主杂质电离提供电子导电为主的半导体材料称为"N型半导体"。因此,对掺杂半导体而言,两种载流子的浓度是不同的。在半导体材料中某种载流子占多数,在导电过程中起到主要作用,则称其为"多数载流子"(简称"多子");某种载流子占少数,在导电过程中起到次要作用,则其称为"少数载流子"(简称"少子")。在N型半导体中,空穴是少子,电子是多子;在P型半导体中,空穴是多子,电子是少子。

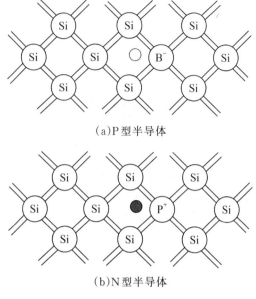

(a)P型半导体

(b)N型半导体

图5.2　半导体掺杂效应示意图

(二)霍尔效应和霍尔系数

当载流子在磁场中运动时,将受到洛伦兹力的作用。一块金属或半导体薄片处在垂直于它的磁场中,磁感应强度 B 的方向沿 z 轴正方向,薄片在 xOy 平面内,工作电流 I 沿 x 轴方向通过薄片,载流子在外部电场作用下以速度 v 做定向漂移运动,在P型半导体样品中带正电的空穴运动方向与电场方向一致;在N型半导体样品中带负电的电子运动方向与电场方向相反。由于垂直磁场的作用,薄片内定向移动的载流子受洛伦兹力 f_B 的作用,由于电子和空穴运动方向相反、电荷符号相反,在洛伦兹力的作用下都向 y 轴负方向偏转。最终在薄片侧面积累电荷(P型半导体样品积累空穴,N型半导体样品积累电子),从而在 y 轴方向上建立起一个横向电场;在与 x 轴方向平行的两个侧面形成附加静电场,产生稳定的电势差,这种电势差就是霍尔电势差 U_H,这个现象被称为"霍尔效应",其原理图如图5.3所示。

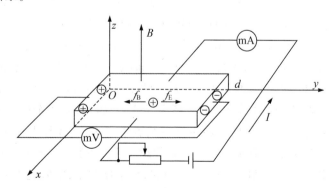

图5.3　霍尔效应原理图

霍尔电场强度 E_H 的大小与电流密度和磁场强度成正比,即

$$E_H = R_H JB \Rightarrow U_H = R_H \cdot \frac{IB}{d} \tag{5.1}$$

式中,R_H 为霍尔系数;d 为样品沿磁场方向的厚度;J 为电流密度,即单位面积电流强度。薄片中的载流子除了受到 f_B 的作用之外,还将受到与洛伦兹力方向相反的电场力 f_E 的作用。稳态时有 $f_B = f_E$,即

$$qvB = qE_H \tag{5.2}$$

式中,v 为载流子速度;q 为载流子电荷量。因为 $v = \frac{J}{pq}$,由此可得

$$E_H = \frac{JB}{pq} \tag{5.3}$$

式中,p 为 P 型半导体的空穴浓度。将式(5.3)代入式(5.1),可以得到 P 型半导体的霍尔系数为

$$R_H = \frac{1}{pq} \tag{5.4}$$

同理,利用 $v = -\frac{J}{nq}$(n 为 N 型半导体的电子浓度)可得 N 型半导体的霍尔系数为

$$R_H = -\frac{1}{nq} \tag{5.5}$$

霍尔系数反映了材料产生霍尔效应的强弱。实验中可由霍尔系数的符号判别半导体的导电类型,由其大小来确定载流子浓度。

由于霍尔系数与载流子浓度成反比,为获得较大的霍尔效应,实际应用中的霍尔元件一般由载流子浓度较小的半导体材料制成。显然,d 越小,霍尔电压越大。把尺寸很小的霍尔元件近似看成一个几何点,改变霍尔元件在磁场中的位置,就可以测量磁场中磁感应强度在空间的分布。

在实际应用中,式(5.1)常写为

$$U_H = KIB \tag{5.6}$$

式中,K 为霍尔元件灵敏度,$K = \frac{R_H}{d}$,与霍尔元件材料性质及结构尺寸有关。对于具体的霍尔元件,K 是一个常数,单位为 $mV/(mA \cdot T)$;I 为工作电流,单位为 mA;B 为磁感应强度,单位为 T。若已知霍尔片的灵敏度 K,测出 I 及 U_H 即可得到磁感应强度 B 的大小,这就是用霍尔效应测磁场的原理。

(三)半导体的电导率

若在半导体中有两种载流子同时存在,则其电导率 σ 为

$$\sigma = qp\mu_p + qn\mu_n \tag{5.7}$$

式中,μ_p、μ_n 分别为空穴和电子的迁移率。实验可得出电导率 σ 与温度 T 的关系曲线如图 5.4 所示。由图 5.4 可知,随着温度增加,电导率先是增加,然后降低;而在高温时,电导率会急剧增加。

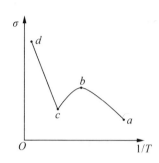

图5.4　电导率与温度关系曲线示意图

从微观上分析,低温时杂质部分电离,杂质电离产生的载流子浓度随温度升高而增加,而且μ_p在低温下主要取决于杂质散射。因此,σ随温度升高而增大,如图5.4中的ab段所示。在室温下,杂质已全部电离,载流子浓度基本不变,这时晶格散射起主要作用,μ_p随温度升高而下降,导致σ随温度升高而减小,如图5.4中的bc段所示。在高温环境中,本征激发产生的载流子浓度随温度升高而指数式地剧增,远远超过μ_p的下降作用,致使σ随温度升高而迅速增大,如图5.4中的cd段所示。

实验中的电导率σ可由下式计算:

$$\sigma = \frac{1}{\rho} = \frac{I \cdot L}{U_\sigma \cdot ad} \tag{5.8}$$

式中,ρ为电阻率;I为流过样品的电流;U_σ、L分别为两测量点间的电压降和长度;a、d分别为样品的宽度和厚度。另外,结合电导率σ和霍尔系数R_H还可以计算出霍尔迁移率μ_H,计算公式如下:

$$\mu_H = \left| R_H \right| \cdot \sigma \tag{5.9}$$

霍尔迁移率的量纲与载流子迁移率相同,单位为$cm^2/(V \cdot s)$,其大小与载流子的电导迁移率有密切的关系。

（四）霍尔效应中的副效应的产生和消除

(1)不等势面电位差:当电流I由霍尔元件的M端流向N端时,在元件两侧将产生霍尔电压U_H。由于制造时很难将霍尔电压测量电极a、b完全处于同一个等势面上,因此即使未加磁场,当导体中有电流流过时,a端和b端之间也存在电势差(即不等势面电位差V_1),如图5.5所示。

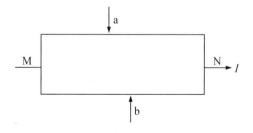

图5.5　不等势面电位差

改变 I 的方向,该电势差的方向也改变,但大小不变,且与磁场无关。

(2)佩尔捷效应:a 端和 b 端之间除了存在霍尔电压和不等势面电位差外,还存在因电流磁效应、热电效应和热磁效应等效应造成的干扰电势。在电流方向,由于 M 端和 N 端电极与半导体薄片接触时存在佩尔捷效应,使得样品两端温度不同,又因 a 端和 b 端不在同一等势面上,所以 a 端和 b 端之间存在温度差,从而在 a 端和 b 端之间形成热电势 V_T。

(3)埃廷斯豪森效应(电流磁效应):在霍尔效应中,电流沿 x 轴方向(见图 5.3),由于载流子速度具有一定的分布范围,大于和小于平均速度的载流子在洛仑兹力和霍尔电场力的作用下将向 y 轴的相反方向偏转,其动能将转化为热能,使两侧产生温差。由于电极和半导体薄片不是同一种材料,因此电极和半导体薄片之间将形成热电偶效应,从而在 a 端和 b 端之间产生热电动势 V_E,且 $V_E \propto IB$,其方向与 I 和 B 有关。

(4)能斯特效应(热磁效应):如果在 x 轴方向存在热流 Q_x(因电流沿 x 轴方向流动,电极两端与样品的接触电阻不同,从而产生不同的焦耳热,致使 x 轴方向两端温度不同),沿温度梯度方向扩散的载流子将受到磁场作用而偏转,从而在 y 轴方向产生电动势 V_N,V_N 的正负只与磁场方向有关:

$$V_N \propto \frac{\partial T}{\partial x} \cdot B$$

(5)吉纪-勒迪克效应(热磁效应):当有热流 Q_x 沿 x 方向流过样品时,载流子将从热端扩散到冷端,与埃廷斯豪森效应相仿,在 y 方向产生温差,这个温差也将在霍尔电极间产生电动势 V_{RL},V_{RL} 的正负只与磁场的方向有关:

$$V_{RL} \propto \frac{\partial T}{\partial x} \cdot B$$

因此,在样品电流和磁感应强度同时存在的情况下,在霍尔电极 a、b 之间测得的电势差 V_{ab} 应该是 V_H 和这些副效应所引起的电势差之和,即

$$V_{ab} = V_H + V_E + V_N + V_{RL} + V_I + V_T$$

上式中,除了热电势 V_T,其余副效应所引起的电势差的正负与电流或磁场方向有关。因此,在测量时改变 I 和 B 的方向,对应于 $(+I, +B)(-I, +B)(-I, -B)(+I, -B)$ 四组的情况,分别测出霍尔电极 a、b 之间的电势差 V_{ab1}、V_{ab2}、V_{ab3}、V_{ab4},并求代数和取其平均值,就可以消除 V_H、V_E 以外的副效应引起的电势差。

$$V_{ab1} = +V_H + V_E + V_N + V_{RL} + V_I + V_T$$
$$V_{ab2} = -V_H - V_E + V_N + V_{RL} - V_I + V_T$$
$$V_{ab3} = +V_H + V_E - V_N - V_{RL} - V_I + V_T$$
$$V_{ab4} = -V_H - V_E - V_N - V_{RL} + V_I + V_T$$

则

$$V_H + V_E = \frac{1}{4}\left[V_{ab1} - V_{ab2} + V_{ab3} - V_{ab4}\right]$$

所以用直流法在霍尔电极 a、b 之间测得的电势差是霍尔电势差 V_H 和埃廷斯豪森效应引起的电势差 V_E 之和。埃廷斯豪森效应引起的误差约为 5%,但是实际上温度梯度有时与电流方向有关。因此,V_N 和 V_{RL} 不一定能完全消除掉。要完全消除包括 V_E 在内的副效

应须采用交流法测量电势差。在交流法测量电势差的过程中,若采用锁定放大器进行测量,则可以进一步提高测量精度。

四、实验内容及步骤

本实验采用HT-648霍尔效应测试仪进行测试,仪器结构如图5.6所示。该仪器主要包括电磁铁、变温测量及控制系统、特斯拉计、磁场可换向电源、数据采集及数据处理系统、计算机及软件系统等部分。

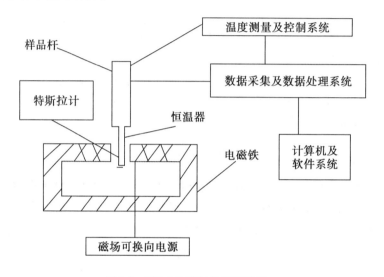

图5.6　HT-648霍尔效应测试仪

测量线路如图5.7所示,本实验中磁场固定为0.2 T(200 mT或2000 Gs)。流过半导体薄片的电流由恒流源提供,实验中选用1 mA电流。电流过大会使半导体薄片发热,电流过小则检测信号太弱。霍尔电压等数据利用数据采集仪进行采集,并在计算机上显示。电流的换向和磁场换向可由计算机控制自动完成,或者手动操作完成。

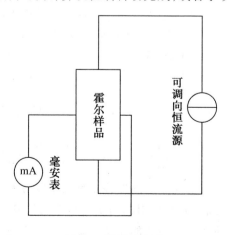

图5.7　测量线路图

（一）常温下测量霍尔系数 R_H 和电导率 σ

（1）打开计算机、霍尔效应测试仪及磁场测量和控制系统的电源开关。若磁场测量和控制系统有电流输出，则按一下霍尔效应测试仪复位开关，使电流输出为零。

（2）将霍尔效应测试仪的"测量选择"拨至" R_H "，"样品电流方式"拨至"自动"，"测量方式"拨至"动态"；将磁场测量和控制系统的"换向转换开关"拨至"自动"。按一下霍尔效应测试仪复位开关，开始输出电流；调节电流旋钮，使输出电流为 1 mA。调节磁场测量和控制系统的电位器，使电流为一定值后测量磁场强度；也可将磁场测量和控制系统的"换向转换开关"拨至手动，调节电流将磁场固定在一定值，一般为 200 mT。

（3）将样品杆放入电磁铁磁场中（对好位置）。

（4）进入数据采集状态，选择电压曲线。若没有进入数据采集状态，则按一下霍尔效应测试仪的复位开关以进入数据采集状态。记录磁场电流正反向的霍尔电压 V_{ab1}、V_{ab2}、V_{ab3}、V_{ab4}，具体数值可在数据窗口中得到。

（5）将电磁铁电流调至零，将霍尔效应测试仪的"测量选择"拨至" σ "，记录电流正反向的电压 U_1、U_2。

（二）变温电导率 σ 及霍尔系数 R_H 的测量

（1）将霍尔效应测试仪的"测量选择"拨至" R_H "，将"温度设定"调至最大（往右旋到底，加热指示灯亮）。

（2）将样品杆放入电磁铁磁场中（对好位置），重新进入数据采集状态（电压曲线），系统自动记录随温度变化的霍尔电压，并自动进行电流和磁场换向。

（3）加热指示灯灭后，退出数据采集状态，保存霍尔系数测量数据文件。

（4）将霍尔效应测试仪的"测量选择"拨至" σ "，待样品冷却至室温后，放入磁场中，将"温度设定"调至最大，重新进入数据采集状态，系统将自动记录随温度变化的电压。

（5）当温度基本不变时，退出数据采集状态，保存电导率测量数据文件。

五、实验分析与探究

（1）由 V_{ab} 的平均值得到霍尔电压 U_H，从而得到霍尔系数 R_H。

（2）计算 U_1 和 U_2 的平均值，得到 U_σ，由式（5.8）求得电导率 σ，并计算样品的载流子浓度、霍尔迁移率 μ_H。

（3）根据变温测量的数据，作 $\rho - \frac{1}{T}$、$\sigma - \frac{1}{T}$ 以及 $\mu_H - \frac{1}{T}$ 曲线。

（4）使用实验中测得的数据，求出半导体材料的禁带宽度 E_g。

注：本实验中的样品为 N 型锗半导体，长 $L=8$ mm，宽 $a=4$ mm，厚 $d=0.2$ mm。

实验六　高频光电导衰减法测少子寿命

半导体中非平衡少子寿命是表征半导体单晶材料质量的重要物理量,与半导体中杂质含量、晶体结构缺陷等有直接关系。少子寿命测量属于半导体材料常规测试项目之一。

光电导衰减法是指利用脉冲光在半导体中激发出非平衡载流子,使半导体的体电阻发生改变,通过测量体电阻或两端电压变化规律获得半导体中非平衡少子的寿命。光电导衰减法又可分为直流光电导衰减法、高频光电导衰减法和微波光电导衰减法等,分别是将直流、高频电流及微波加载在半导体样品上,检测非平衡少子的衰减过程。直流光电导衰减法是标准检测方法;高频光电导衰减法使用方便,常用来检验半导体质量;微波光电导衰减法常用于器件工艺线上测试晶片的工艺质量。此外,还有扩散长度法、表面光电压法、少子脉冲漂移法以及光磁电法等多种测量少子寿命的方法。

一、实验目的

(1)了解高频光电导衰减法测量单晶硅片中少子寿命的原理。
(2)掌握高频光电导衰减法测量单晶硅片中少子寿命的方法。
(3)加深对半导体中少子寿命与其他物理参数关系的理解。

二、实验仪器及材料

单晶少子寿命测试仪、示波器、单晶硅片。

三、实验原理

(一)非平衡少子寿命

在掺杂半导体材料中,电子和空穴两种载流子的浓度是不同的。在 N 型半导体中,空穴是少子,电子是多子;在 P 型半导体中,空穴是多子,电子是少子。

载流子寿命是指在热平衡条件下,载流子由产生到复合消失期间的平均存在时间。半导体材料的少子寿命一般是指半导体材料中非平衡少子的寿命,即因外部注入而产生的非平衡载流子从产生到复合所需的时间。影响少子寿命的主要因素有半导体能带结构和非平衡载流子的复合机理。对于硅、锗等间接禁带半导体,决定少子寿命的主要因素是半导体中的杂质和缺陷。因此,检测少子寿命的长短可以了解半导体材料的质量。

在半导体中,热平衡下的载流子浓度 n_0、p_0 可分别用下式表示:

$$n_0 = N_C e^{-\frac{E_C - E_F}{kT}} \tag{6.1}$$

$$p_0 = N_V e^{-\frac{E_F - E_V}{kT}} \tag{6.2}$$

式中,N_C、N_V 分别为导带及价带的有效态密度;E_C、E_V 分别为导带及价带的能量;E_F 为费米能级;k 为玻尔兹曼常数;T 为温度。由式(6.1)、式(6.2)可得

$$n_0 p_0 = N_C N_V e^{-\frac{E_g}{kT}} \tag{6.3}$$

式中,$E_g = E_C - E_V$,为半导体材料的带隙。

由式(6.3)可以看出,在一定温度下,热平衡半导体中载流子浓度的乘积是不变的。

非平衡载流子可采用光注入或电磁注入等方式注入。在光注入的情况下,只要注入光子能量大于禁带宽度 E_g,即可使半导体吸收光子,从而产生电子-空穴对,使半导体内的载流子浓度增加。设光照后电子和空穴浓度分别增加了 Δn 和 Δp,若样品中没有明显的陷阱效应,则非平衡电子和空穴的浓度相等,即 $\Delta n = \Delta p$。光照后电子和空穴的浓度分别为 $n_0 + \Delta n$ 和 $p_0 + \Delta p$。一般地,即使在光注入较少的情况下,增加的非平衡载流子的数量会大于热平衡时的少子数量,增加的非平衡载流子的数量会小于热平衡时的多子数量。在 N 型半导体中,$n_0 > \Delta n > p_0$。

光照停止(即光注入停止)后,多余的非平衡载流子因复合而数量下降。设非平衡载流子的平均寿命为 τ,则非平衡载流子在单位时间内的平均复合概率为 $1/\tau$,因此有

$$-\frac{d\Delta p(t)}{dt} = \Delta p(t) \cdot \frac{1}{\tau}$$

可得

$$\Delta p(t) = \Delta p_0 e^{-\frac{t}{\tau}}$$

式中,t 为时间。

少子寿命 τ 指非平衡少子的平均生存时间,标志着少子浓度减少到原值的 $1/e$ 所经历的时间。

经过光注入的半导体因非平衡载流子的增加导致半导体电导率增大,引起的附加电导率为

$$\Delta\sigma = q\mu_p \Delta p + q\mu_n \Delta n = q\Delta p(\mu_p + \mu_n) \tag{6.4}$$

式中,q 为电子电荷;μ_p 和 μ_n 分别为空穴和电子的迁移率;$\Delta p = \Delta n$。附加电导率可以采用图 6.1 所示电路观察。

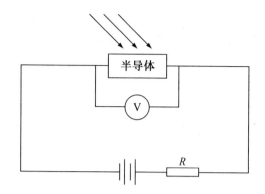

图6.1　直流光电导衰减法测量非平衡少子寿命原理图

图6.1中，电阻R远大于半导体的电阻r。因此，通过半导体的电流I几乎是恒定的，半导体上的电压降为$V=Ir$。设热平衡时半导体电导率为σ_0，光照时的电导率为

$$\sigma=\sigma_0+\Delta\sigma$$

因而半导体电阻率改变为

$$\Delta\rho=\frac{1}{\sigma}-\frac{1}{\sigma_0} \tag{6.5}$$

小注入时$\sigma_0+\Delta\sigma\approx\sigma_0$，因此

$$\Delta\rho=\frac{1}{\sigma}-\frac{1}{\sigma_0}\approx-\frac{\Delta\sigma}{\sigma_0^2} \tag{6.6}$$

则半导体电阻改变为

$$\Delta r=\frac{\Delta\rho l}{S}\approx\frac{-l}{S\sigma_0^2}\cdot\Delta\sigma \tag{6.7}$$

式中，l、S分别为半导体的长度和横截面积。因为$\Delta r\propto\Delta\sigma$，而$\Delta V=I\Delta r$，故$\Delta V\propto\Delta\sigma$，因此$\Delta V\propto\Delta p$，即半导体上电压的变化反映了非平衡少子的变化情况。

去掉光照后，非平衡载流子产生净复合，少子浓度将按指数衰减，即

$$\Delta p\propto e^{-\frac{t}{\tau}} \tag{6.8}$$

因此，测量半导体上电压随时间衰减的规律，由指数衰减曲线即可确定少子寿命。

（二）高频光电导衰减法测量原理

图6.2是高频光电导衰减法测量非平衡少子寿命的测量装置示意图。高频源提供的高频电流通过被测样品，当红外光源的脉冲光照射样品时，样品晶体内产生的非平衡光生载流子使样品产生附加光电导，从而使样品电阻减小。

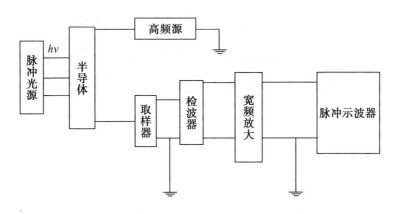

图 6.2 高频光电导衰减法测量装置示意图

由于高频源为恒压输出,所以流经样品的高频电流幅值增加 ΔI。当光照消失后,ΔI 逐渐衰减,其衰减速度取决于非平衡光生载流子在样品内存在的平均时间,即寿命。在光注入较少的情况下,当光照区复合为主要影响因素时,ΔI 将按指数规律衰减,此时取样器上产生的电压变化 ΔV 也将按同样的规律变化,即:

$$\Delta V = \Delta V_0 \mathrm{e}^{-\frac{t}{\tau}} \tag{6.9}$$

调幅高频信号经检波器解调和高频滤波,再经宽频放大器放大后输入到脉冲示波器,在示波器上可显示如图 6.3 所示的指数衰减曲线,衰减时间常数 τ 即为载流子寿命值。

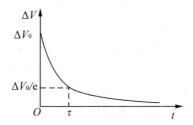

图 6.3 非平衡载流子的指数衰减曲线

四、实验内容及步骤

单晶少子寿命测试仪需要与示波器配合使用,主机和示波器通过信号连接线相连。测试时将样品置于主机顶盖的样品承片台上,通过调节示波器使仪器输出的指数衰减信号波形稳定下来,然后在示波器上观察和计算样品的少子寿命。

(1)用高频连接线将测试仪的输出端 CZ 与示波器输入端 Y 连接,如图 6.4 所示。开启主机及示波器,预热 15 min,调节检波电压调零旋钮 W2 使检波电压为零。

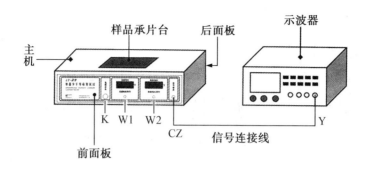

图6.4　测试仪与示波器连接示意图

（2）将清洁处理后的样品置于电极上，为减少接触电阻，提高灵敏度，可在电极上涂抹少许自来水，此时检波电压表将会显示检波电压。

（3）按下开关K，接通红外发光管工作电压电源，旋转W1，适当调高电压。调整示波器电平、释抑时间、内同步、Y轴衰减、X轴扫描速度及曲线的位置，使仪器输出的指数衰减光电导信号波形稳定下来，并与屏幕的标准指数曲线尽量吻合。

注意：为保证测试准确性，满足小注入条件，在可读数的前提下，示波器应尽量使用大的倍率，光源电压应尽量调小。

（4）记录示波器上的V-t曲线，分别读取6组少子寿命值。设示波器荧光屏上最大信号为n格，在衰减曲线上获得纵坐标格数为$\dfrac{n}{e}=\dfrac{n}{2.718}$对应的横坐标（格数）。设示波器水平扫描时间为$t$，则寿命$\tau=$横坐标（格数）$\times t$。例如，最大信号格数为4格，而$4\div 2.718\approx 1.47$，则纵坐标上1.47格在衰减曲线对应的横坐标格数为2.4。若示波器水平扫描时间为$1\,\mu s$，则测得的少子寿命为$2.4\,\mu s$。若样品受到表面复合及光照不均等因素的影响，衰减曲线在开始的一小部分会偏离指数衰减形式，如图6.5所示。这时应对测量数据进行如下处理：若波形初始部分衰减较快［见图6.5(a)］，则采用波形较偏后部分测量，去除表面复合引起的高次模部分读数；若波形初始部分出现平顶［见图6.5(b)］，说明信号太强，则应减弱光强，在小信号下进行测量。

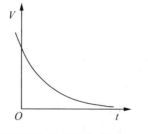
(a)波形初始部分快速衰减

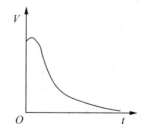
(b)波形初始部分出现平顶

图6.5　异常测量波形

（5）测试完成后关闭光源开关K，关闭电源。

五、实验分析与探究

(1)根据实验数据计算样品的少子寿命。

(2)简述少子寿命的概念。

(3)简述样品中的杂质和缺陷对少子寿命的影响。

(4)根据实验结果判断单晶样品的质量。

实验七　半导体材料光学特性的测量

半导体材料的光学特性包括光学吸收、光谱特性、光学跃迁等。通过对半导体材料进行光学特性测量，我们可以加深对半导体材料物理性质的了解。当物体受到入射光波照射时，入射光子将与物体发生相互作用。由于组成物体的分子和分子间的结构不同，入射光一部分被物体吸收，一部分被物体反射，还有一部分穿透物体而继续传播（即透射）。为了表示入射光透过材料的程度，通常用入射光通量与透射光通量之比来表征物体的透光性质，人们称之为"光透射率"。常用的紫外-可见光分光光度计能准确测量材料的透射率，测试方法简单，操作方便，精度高，是研究半导体能带结构及其他性质的最基本、最普遍的光学方法之一。

一、实验目的

(1)掌握半导体材料光学特性测量的原理。
(2)了解紫外分光光度计的工作原理及使用方法。
(3)掌握用紫外分光光度计测量半导体样品的透射光谱、吸收光谱及反射光谱的方法。
(4)掌握用样品光谱推算光学禁带宽度的方法。

二、实验仪器

TU-19系列双光束紫外可见分光光度计、ITO薄膜若干。

三、实验原理

(一)半导体材料的光学特性

光在固体材料中的传播过程，可以用电磁场的麦克斯韦方程组进行描述，其电场强度 E 满足如下波动方程：

$$\nabla^2 E - \mu_0 \sigma \frac{\partial E}{\partial t} - \mu_0 \varepsilon_r \varepsilon_0 \frac{\partial^2 E}{\partial t^2} = 0 \tag{7.1}$$

式中，ε_0、μ_0 分别为真空介电常数和真空磁导率；ε_r 为材料的相对介电常数；σ 为电导率；t 为时间。对于平面电磁波，设其在真空中沿 x 方向传播时，其电场分量可表示为

$$\varepsilon_y = \varepsilon_0 e^{i\omega\left(t - \frac{x}{c}\right)} \qquad (7.2)$$

式中,c 为光在真空中的速度。

在介质中的电场分量可表示为

$$\varepsilon_y = \varepsilon_0 e^{i\omega\left(t - \frac{x}{v}\right)} \qquad (7.3)$$

式中,ω、v 分别为振动频率和介质中的光速。

介质的折射率为 $N = c/v$,将式(7.3)代入波动方程式(7.1)可得到

$$\frac{1}{v^2} = \mu_0 \varepsilon_r \varepsilon_0 - i\frac{\mu_0 \sigma}{\omega} \qquad (7.4)$$

由此可得

$$N^2 = c^2 \mu_0 \varepsilon_0 \left(\varepsilon_r - i\frac{\sigma}{\omega \varepsilon_0}\right) = \varepsilon_r - i\frac{\sigma}{\omega \varepsilon_0} \qquad (7.5)$$

令 $N = n - ik$,可将式(7.3)写为

$$\varepsilon_y = \varepsilon_0 e^{-\frac{\omega k x}{c}} e^{i\omega\left(t - \frac{n x}{c}\right)} \qquad (7.6)$$

由式(7.6)可知,光在介质中传播时,其振幅按指数衰减。指数中的系数 k 代表随距离增加介质对光的衰减作用,被称为"消光系数"。在半导体中,正是半导体材料对光的吸收造成了这种光衰减。

单色光垂直入射到半导体表面时,入射距离(x)的衰减与光强(I)成正比,如下式所示:

$$\frac{dI}{dx} = -\alpha I \qquad (7.7)$$

式中,α 为比例系数。

对式(7.7)积分可得

$$I = I_0 e^{-\alpha x}$$

式中,I_0 为入射光强度。

半导体材料吸收光的示意图如图7.1所示,其中半导体材料的厚度为 d,则透射光强度(I_t)为

$$I_t = I_0 e^{-\alpha d} \qquad (7.8)$$

式中,比例系数 α 与材料性质、入射光等波长有关,称为"光吸收系数"。

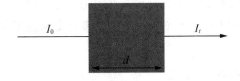

图7.1 半导体材料吸收光的示意图

样品的透射率(T)为

$$T = \frac{I_t}{I_0} = e^{-\alpha d} \qquad (7.9)$$

不同材料对不同波长的入射光具有不同的吸收系数。由式(7.8)可以得到半导体材料对不同波长(λ_i)单色光的吸收系数(α_i)为

$$\alpha_i = \frac{\ln\left(\frac{1}{T_i}\right)}{d} \tag{7.10}$$

式中,T_i为不同波长的入射率。

对于半导体材料,其对光的吸收作用主要包括本征吸收、激子吸收、晶格振动吸收、杂质吸收及自由载流子吸收等。其中,本征吸收是指在光照下,价带电子吸收光子能量后从价带跃迁到导带的吸收过程。本征吸收可在半导体内产生电子-空穴对,引起半导体电导率的变化或者PN结空间电势的变化。本征吸收发生的必要条件是入射光子能量 $h\nu$(h 为普朗克常数,ν 为光子频率)不小于禁带宽度 E_g。当光子能量小于禁带宽度时,即光子频率小于 ν_0($h\nu_0 = E_g$)时,材料的吸收系数将迅速下降,对应的 ν_0 被称为"本征吸收限"。相应的波长 λ_0 可表示为

$$\lambda_0 = \frac{1240}{E_g} \tag{7.11}$$

对于不同的半导体材料,其禁带宽度不同,对应的本征吸收限也不同,图7.2给出了几种常用半导体材料的本征吸收限。

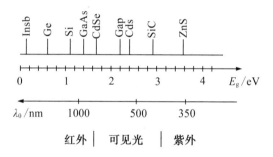

图7.2　几种常用半导体材料的本征吸收限

在半导体材料中,温度和压力都会对半导体的能带结构产生影响,引起禁带宽度变化,从而造成本征吸收限的改变。半导体材料本征吸收的主体是价带电子,其数量较大,使得半导体材料的本征吸收具有很强的吸收作用。因此,本征吸收实际上仅发生在半导体表面很薄的一层内。与本征吸收有关的现象往往会受到半导体表面状态的影响。研究半导体的本征吸收谱可以了解半导体的光学禁带宽度和能带结构,区分直接带隙和间接带隙。

(二)半导体材料的禁带宽度

与真空中的自由电子不同,固体中的电子处于分离的能级状态,大量的能级构成了能带。半导体中最重要的能带是价带和导带,价带和导带之间为禁带,禁带是指在能带结构中能态密度为零的能量区间,如图7.3所示。禁带中虽然不存在属于整个晶体的公有化电子的能级,但是可以出现杂质、缺陷等非公有化状态的能级,如施主能级、受主能

级、复合中心能级、陷阱中心能级、激子能级等。导带底与价带顶之间的能量差称为"禁带宽度"（或者称为带隙、能隙）。

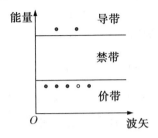

图7.3　半导体材料的能带示意图

禁带宽度是半导体的一个重要特征参量,用于表征半导体材料的物理特性,其大小主要与半导体材料的能带、晶体结构以及原子的键合性质等因素有关。禁带宽度的大小也反映了价带中电子被束缚的强弱程度,以及导带中电子与价带中空穴的势能差。同时,禁带宽度也是一个标志材料导电性能好坏的重要参量。

（三）半导体材料禁带宽度的测量

如前所述,在本征吸收中,光照将价带中的电子激发到导带,形成电子-空穴对。依据能带结构的不同,价带中的电子受激后发生的跃迁一般有以下三种形式：

1.直接跃迁

直接跃迁是指半导体价带中的价电子在吸收一个光子能量后,直接从价带跃迁到相同波矢的导带中,跃迁前后波矢保持不变,其示意图如图7.4所示。在直接跃迁中,如果对于任何波矢的跃迁都是允许的,则吸收系数与带隙的关系为：

$$\alpha \cdot hv = A\left(hv - E_{\mathrm{g}}\right)^{\frac{1}{2}} \tag{7.12}$$

式中,α为吸收系数；hv为光子能量；E_{g}为禁带宽度；A为常数。

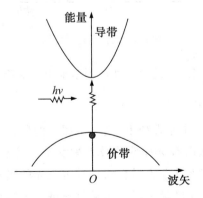

图7.4　直接跃迁示意图

$\left(\alpha \cdot hv\right)^{2}$和$hv$为线性关系,可以用$\left(\alpha \cdot hv\right)^{2}$对光子能量$hv$作图,即$hv$-$\left(\alpha \cdot hv\right)^{2}$。然后,在吸收边外选择线性最好的曲线点做线性拟合,将线性区外推到横轴上的截距就是禁带宽度E_{g},即纵轴$\left(\alpha \cdot hv\right)^{2}$为0时,横轴$hv$的值。

2. 禁戒的直接跃迁

在某些直接禁带的半导体材料中,因为量子选择定则的关系,尽管其价带顶和导带底都在 K 空间的原点处,但它们之间 $K=0$ 的跃迁可能被禁止,而波矢为 0 时的跃迁反而被允许,一般把这种跃迁称为"禁戒的直接跃迁"。此时,吸收系数与带隙的关系为

$$\alpha \cdot hv = A\left(hv - E_g\right)^{\frac{3}{2}} \tag{7.13}$$

$(\alpha \cdot hv)^{\frac{2}{3}}$ 和 hv 为线性关系,可以用 $(\alpha \cdot hv)^{\frac{2}{3}}$ 对光子能量 hv 作图,即 $hv\text{-}(\alpha \cdot hv)^{\frac{2}{3}}$ 关系图。然后,在吸收边外选择线性最好的几点做线性拟合,线性区外推到横轴上的截距就是禁带宽度 E_g。

3. 间接跃迁

在间接带隙的半导体材料中,由于价带顶和导带底在 K 空间的位置不同,光子波矢比电子波矢小得多,为了满足动量守恒的原则,必须要借助其他过程(如声子参与或杂质散射)来实现电子在能级间的跃迁,这种电子跃迁方式称为"间接跃迁",其示意图如图 7.5 所示。此时,吸收系数与带隙的关系为

$$\alpha \cdot hv = A\left(hv - E_g\right)^2 \tag{7.14}$$

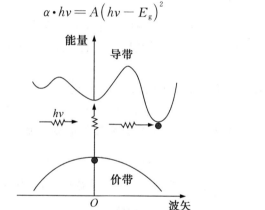

图 7.5　间接跃迁示意图

同样,做 $hv\text{-}(\alpha \cdot hv)^{\frac{1}{2}}$ 关系图,线性区外推到横轴上的截距就是禁带宽度 E_g。

(四)紫外分光光度计

紫外分光光度计基本工作原理如下:当一定频率的紫外可见光照射物质时,电子在不同能级之间发生跃迁,从而有选择性地吸收激发光。基于测量材料的透射和反射光谱,人们可利用紫外分光光度计获得材料对紫外可见光的吸收性能,从而对材料进行检测、研究和开发。紫外分光光度计可以对多种材料进行测量分析,无论是透明、非透明、块状、薄膜还是粉末都可以测量。紫外分光光度计由光源、单色器、样品架、检测器、计算机数据采集系统等部分组成。

(1)光源:采用钨灯和氘灯,钨灯为可见光源(400~760 nm),氘灯为紫外光源(100~400 nm)。

（2）单色器：单色器主要由入射狭缝、出射狭缝、色散元件和准直镜等部分组成。其中，常用的色散元件有棱镜和光栅，光栅用来分光；入射狭缝起着限制杂散光进入的作用；准直镜将从入射狭缝射进来的复合光变成平行光。

（3）样品架：样品架主要由吸收池和固体样品架组成。其中，吸收池主要用于测量液体光谱，固体样品架用于测量固体样品。

（4）检测器：检测器的作用是检测光信号，并将光信号转变为电信号。目前常用的紫外分光光度计大多采用光电管或光电倍增管作为检测器。

四、实验内容及步骤

（一）仪器初始化

打开与 TU-19 系列双光束紫外可见分光光度计相连的计算机，确认样品室中无挡光物后，再打开分光光度计的电源开关，开启 UVWin 操作软件，仪器进入初始化阶段。自检无误后，仪器进入主工作程序。开机预热 60 min，使光源稳定。

（二）暗电流校正

程序初始化后，对全波段（190～900 nm）进行暗电流校正（%T校正），步骤如下：

（1）选择"光谱扫描"模式，激活光谱扫描窗口，仪器进入光谱扫描功能。

（2）选择"测量"菜单中的"参数设置"项，打开"设置"窗口，进入参数设置界面并按图7.6设置参数。

图 7.6　测量参数设置界面

（3）选择"测量"菜单中的"仪器参数校正"项，根据提示将附带的黑挡板插入样品光侧（样品室外侧为样品池，内侧为参比池），参比光侧不放入任何样品，然后单击"确认"进行暗电流校正。

(4)校正结束后,软件将保存校正结果并返回。

（三）光谱扫描

(1)参数设置:激活光谱扫描窗口,选择"测量"菜单中的"参数设置"项,打开"设置"窗口并按图7.7设置参数。

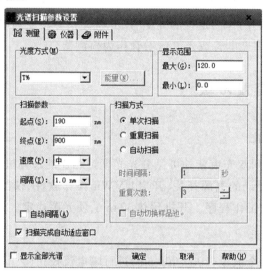

图7.7　光谱扫描参数设置界面

(2)基线校正:将两片完全相同的空白基片分别插入样品光侧和参比光侧的样品池架上,合上样品室盖。选择"测量"菜单中的"基线校正"项并确认。测量主界面会出现基线校正提示,软件界面上的波长将显示当前进度,仪器将自动完成基线校正过程。

(3)样品测量:基线校正完成后,把待测样品放到样品光侧的样品池架上,参比光侧为空白基片不变。合上样品室盖,选择"测量"菜单中的"开始"项,进行透射光谱扫描。此时测量主界面会出现正在扫描的提示,并且软件界面上的波长会变化显示目前的进度,测量得到的光谱也会显示在软件界面上。测量完成后,更换样品继续进行透射光谱的扫描。

(4)结果输出:将测量得到的光谱分别保存为UVWin专用的文件格式以及 .txt格式,以便后续的数据处理。

五、实验分析及探究

(1)根据可见光部分的透射光谱数据,已知样品的厚度 d(单位为 cm),根据公式

$$\alpha_i = \frac{\ln\left(\dfrac{1}{T_i}\right)}{d}$$

求得吸收系数 α_i。

（2）根据 $h\nu = \dfrac{1240}{\lambda}$，将透射光谱数据中的波长置换为与能量 $h\nu$ 的关系。

（3）根据式（7.12）、式（7.13）和式（7.14）进行拟合，分别作出 $h\nu$-$(\alpha \cdot h\nu)^2$ 关系图、$h\nu$-$(\alpha \cdot h\nu)^{\frac{2}{3}}$ 关系图和 $h\nu$-$(\alpha \cdot h\nu)^{\frac{1}{2}}$ 关系图，在函数单调上升的区域，比较曲线的线性度，判断电子跃迁的方式。

（4）在对应电子跃迁性质的曲线图线性度最好的地方作切线，并将切线外推至与横轴相交，求出禁带宽度 E_g。

（5）比较三种拟合方式得出的禁带宽度 E_g，并比较三种拟合方式的误差。

注意：ITO 薄膜的带隙理论值为 3.8 eV。

实验八 MOS管的 C-V 特性测量

MOS(金属-氧化物-半导体)管的电容-电压特性(C-V 特性)测量是检测半导体材料及其器件性能的重要手段,它可以确定 MOS 型器件的多项重要参数,如氧化层厚度、衬底掺杂浓度、氧化层中可动电荷面密度以及固定电荷面密度等。

一、实验目的

(1)了解 MOS 结构的 C-V 特性测量原理。

(2)掌握 MOS 结构的 C-V 特性测量方法。

(3)了解 P 型 MOS 管与 N 型 MOS 管的 C-V 曲线特点。

(4)根据 C-V 曲线,确定二氧化硅绝缘层厚度 d_{ox}、衬底掺杂浓度 N 和二氧化硅绝缘层中的等效电荷量 Q_{ox} 等参数。

二、实验仪器

CV-5000 型电容电压特性测试仪、MOS 管样品。

三、实验原理

(一)MOS管的 C-V 特性

MIS(金属-绝缘物-半导体)管是一类重要的半导体器件,而 MOS 管则是一类典型的 MIS 器件,其基本结构如图 8.1 所示。MOS 管的结构类似于金属和介质构成的平板电容器,其电容是外加偏压的函数,电容随外加电压变化而变化的曲线称为"C-V 曲线",即 C-V 特性。MOS 管的 C-V 特性与半导体的导电类型、掺杂浓度、SiO_2 - Si 系统中的电荷密度有密切关系。利用实际测量到的 MOS 管的 C-V 曲线与理想的 MOS 管的 C-V 曲线比较,可求得氧化层厚度、衬底掺杂浓度、氧化层中可动电荷面密度和固定电荷面密度等参数。

当 MOS 管上加上外加偏压 V_G 时,一部分降落在氧化层上,为 V_{ox};一部分降落在半导体表面空间电荷区,为表面势 V_s。因此,可知

$$V_G = V_{ox} + V_s \tag{8.1}$$

因外加偏压而产生的充电电荷将分别积聚在金属极板和半导体表面,形成电容效

应。实际的 MOS 电容由氧化层电容 C_{ox} 及半导体空间电荷层电容 C_S 串联而成,如图 8.1 所示。

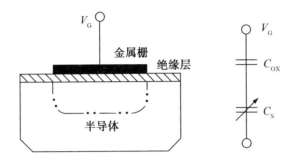

图 8.1　MOS 管结构示意图和等效电路

因此,MOS 电容 C 与氧化层电容 C_{ox} 及电荷层电容 C_S 的关系为

$$\frac{1}{C} = \frac{1}{C_{ox}} + \frac{1}{C_S} \tag{8.2}$$

其中氧化层电容为

$$C_{ox} = \frac{\varepsilon_0 \varepsilon_{r0}}{d_{ox}} \tag{8.3}$$

式中,ε_0 为真空介电常数;ε_{r0} 为二氧化硅绝缘层的相对介电常数;d_{ox} 为绝缘层厚度。

C_{ox} 的数值不随 V_G 的改变而改变。半导体空间电荷层电容 C_S 与空间电荷区的宽度及电荷密度有关,其数值随落在空间电荷区的电势变化而改变,即

$$C_S = \left| \frac{\mathrm{d}Q_S}{\mathrm{d}V_S} \right| \tag{8.4}$$

式中,Q_S 是半导体表面空间电荷区电荷面密度。考虑半导体表面的空间电荷区,其电场强度、电荷密度等应满足泊松方程,即

$$-\frac{\mathrm{d}^2 V}{\mathrm{d}x^2} = \frac{\mathrm{d}E}{\mathrm{d}x} = \frac{\rho(x)}{\varepsilon_0 \varepsilon_{rs}} = q \frac{p(x) - n(x) + N_D(x) - N_A(x)}{\varepsilon_0 \varepsilon_{rs}} \tag{8.5}$$

式中,$p(x)$、$n(x)$ 分别为空间电荷区的空穴及电子浓度;$N_D(x)$、$N_A(x)$ 分别为固定正负离子浓度;$\rho(x)$ 为半导体内某处的总空间电荷密度;ε_{rs} 为半导体的相对介电常数。由式 (8.5) 可求得绝缘层与半导体界面处的电场强度 E_S 和电荷密度 Q_S,即

$$E_S = \pm \frac{2kT}{qL_D} \left\{ \left[\exp\left(-\frac{qV_S}{kT}\right) + \frac{qV_S}{kT} - 1 \right] + \frac{n_0}{p_0} \left[\exp\left(\frac{qV_S}{kT}\right) - \frac{qV_S}{kT} - 1 \right] \right\}^{\frac{1}{2}} \tag{8.6}$$

$$Q_0 = -\varepsilon_0 \varepsilon_{rs} E_S = \pm \frac{2\varepsilon_0 \varepsilon_{rs} kT}{qL_D} \left\{ \left[\exp\left(-\frac{qV_S}{kT}\right) + \frac{qV_S}{kT} - 1 \right] + \frac{n_0}{p_0} \left[\exp\left(\frac{qV_S}{kT}\right) - \frac{qV_S}{kT} - 1 \right] \right\}^{\frac{1}{2}}$$

$$\tag{8.7}$$

式中,$L_D = \left(\dfrac{2\varepsilon_0\varepsilon_{rs}kT}{q^2 p_0}\right)^{1/2}$,为德拜长度,表示外电场感生的空间电荷区厚度;$q$为电荷;$k$为玻尔兹曼常数;$T$为温度。由式(8.4)可以求得由半导体空间电荷层形成的等效电容C_S,即

$$C_S = \left|\frac{dQ_S}{dV_S}\right| = \frac{\varepsilon_0\varepsilon_{rs}}{L_D}\frac{\left[\exp\left(-\dfrac{qV_S}{kT}\right)+1\right] + \dfrac{n_0}{p_0}\left[\exp\left(\dfrac{qV_S}{kT}\right)-1\right]}{\left\{\left[\exp\left(-\dfrac{qV_S}{kT}\right)+\dfrac{qV_S}{kT}-1\right] + \dfrac{n_0}{p_0}\left[\exp\left(\dfrac{qV_S}{kT}\right)-\dfrac{qV_S}{kT}-1\right]\right\}^{1/2}}$$

$$(8.8)$$

式(8.8)即为MOS管C-V特性的基础关系式。

为简化讨论,假设被测器件为满足以下条件的理想MOS管:金属与半导体之间的功函数差为零;氧化层中没有电荷,电阻率为无穷大,且在偏置作用下不导电;金属栅与氧化层之间以及氧化层与半导体之间没有界面态存在。对于P型理想MOS管,定义C_N为归一化电容,则

$$C_N = \frac{C}{C_{OX}} = \frac{1}{1+\dfrac{C_{OX}}{C_S}} \tag{8.9}$$

当外加偏压$V_G < 0$时,$V_S < 0$,半导体表面累积空穴,能带上弯。当$V_G \ll 0$时,归一化电容为

$$C_N = \frac{1}{1+\dfrac{C_{OX}}{\dfrac{\varepsilon_0\varepsilon_{rs}}{L_D}\exp\left(-\dfrac{qV_S}{2kT}\right)}} \approx 1 \tag{8.10}$$

P型MOS管的C-V特性曲线如图8.2所示。当电容趋近最大值时,$C = C_{max} \approx C_{OX}$,$C$-$V$特性曲线如图8.2中曲线(1)所示。

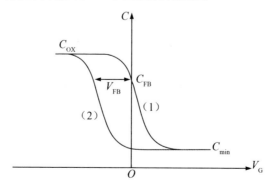

图8.2 P型MOS管的C-V特性曲线

随着偏压增加,当$V_S = 0$时,能带平直,此时对应的电容为平带电容C_{FB}。对于给定的MOS管,归一化平带电容如下:

$$\frac{C_{\text{FB}}}{C_{\text{OX}}} = \frac{1}{1 + \dfrac{\varepsilon_{r0}}{\varepsilon_{rs}d_{\text{OX}}}\left(\dfrac{kT\varepsilon_0\varepsilon_{rs}}{q^2 N}\right)^{\frac{1}{2}}} \tag{8.11}$$

归一化平带电容与衬底掺杂浓度 N 和绝缘层厚度 d_{OX} 有关。若绝缘层厚度一定,则 N 越大,$\dfrac{C_{\text{FB}}}{C_{\text{OX}}}$ 也越大,这是由表面空间电荷层宽度随掺杂浓度 N 增大而变薄所造成的。若掺杂浓度一定,则绝缘层厚度 d_{OX} 越大,导致 C_{OX} 越小,$\dfrac{C_{\text{FB}}}{C_{\text{OX}}}$ 也越大。平带时所对应的偏压称为"平带电压",记为 V_{FB}。对于 P 型理想 MOS 管,$V_{\text{FB}} = 0$。

当 V_{G} 继续增大时,半导体表面空穴将逐渐耗尽;当偏压继续增大至 $V_{\text{S}} > \dfrac{E_{\text{F}}}{q}$ 时,半导体表面电子浓度开始大于空穴浓度,半导体表面形成反型;当偏压增大至 $V_{\text{S}} > \dfrac{2E_{\text{F}}}{q}$ 时,半导体表面出现强反型,耗尽层宽度达到最大值,此时电容趋近最小值 $C_{\min}$。最小电容 $C_{\min}$ 和最大电容 C_{OX} 之间有如下关系:

$$\frac{C_{\min}}{C_{\text{OX}}} = \frac{1}{1 + \dfrac{2\varepsilon_{r0}}{q\varepsilon_{rs}d_{\text{OX}}}\left[\dfrac{kT\varepsilon_0\varepsilon_{rs}}{N}\ln\left(\dfrac{N}{n_i}\right)\right]^{\frac{1}{2}}} \tag{8.12}$$

由式(8.12)可以看出,MOS 管的最小电容值 $C_{\min}$ 与衬底掺杂浓度和绝缘层厚度有关。

考虑实际的 MOS 管,由于 SiO$_2$ 层中总存在电荷(包括固定点电荷和可动电荷),且金属的功函数(W_{m})和半导体的功函数(W_{s})通常不相等,所以 V_{FB} 一般不为 0。若不考虑界面态的影响,假设金属功函数 $W_{\text{m}} < W_{\text{s}}$,则有

$$V_{\text{FB}} = -V_{\text{ms}} - \frac{Q_{\text{OX}}}{C_{\text{OX}}} \tag{8.13}$$

式中,V_{ms} 是金属-半导体接触电动势;Q_{OX} 为 SiO$_2$ 绝缘层中的等效电荷量,包括固定电荷和可动电荷。等效的意思是指把 SiO$_2$ 中随机分布的电荷对 V_{FB} 的影响看成是集中在 Si-SiO$_2$ 界面处的电荷对 V_{FB} 的影响。对于铝栅 P 型硅 MOS 管,$V_{\text{ms}} > 0$,SiO$_2$ 绝缘层内的电荷通常也 > 0(固定电荷和可动电荷均为正电荷),所以 $V_{\text{FB}} < 0$。实际测试的 P 型 MOS 管的 C-V 特性曲线就是将理想 C-V 曲线沿负电压轴方向平移 V_{FB} 距离,如图 8.2 中的曲线(2)所示。对于金属-半导体接触电动势 V_{ms} 有

$$V_{\text{ms}} = \frac{W_{\text{s}} - W_{\text{m}}}{q} \tag{8.14}$$

其中,对于 P 型 MOS 管,W_{s} 可表示为

$$W_{\text{s}} = q\chi + \frac{E_{\text{g}}}{2} + kT\ln\frac{N}{n_i} \tag{8.15}$$

对于 N 型半导体,W_{s} 可表示为

$$W_s = q\chi + \frac{E_g}{2} - kT\ln\frac{N}{n_i} \qquad (8.16)$$

式中，$q\chi$ 为半导体的电子亲和势(硅的电子亲和势为 4.05 eV)；E_g 为禁带宽度。

N 型 MOS 管的 C-V 特性曲线如图 8.3 所示，N 型 MOS 管高频 C-V 特性曲线的方向与 P 型 MOS 管的相反。

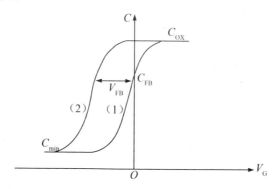

图 8.3　N 型 MOS 管的 C-V 特性曲线

高频 C-V 特性曲线的分析方法：根据测试的高频 C-V 特性曲线，可以得到关于 MOS 管的衬底导电类型、掺杂浓度、绝缘层厚度和等效绝缘层电荷等信息。

(1)从测试的高频 C-V 特性曲线可以读出电容最大值 C_{max}、最小值 C_{min} 和衬底导电类型。

(2)由电容最大值，根据 $C_{OX} = \dfrac{\varepsilon_0\varepsilon_{r0}}{d_{OX}}$，可求出绝缘层厚度 d_{OX}。

(3)由电容最小值，根据式(8.12)，通过计算或者查图，可得到衬底掺杂浓度 N。

(4)由计算所得的掺杂浓度和绝缘层厚度信息，根据式(8.11)可得到平带电容 C_{FB}。

(5)由平带电容 C_{FB}，通过测得的 C-V 特性曲线，可直接读出平带电压 V_{FB}。

(6)根据衬底掺杂浓度可求出半导体功函数 W_s，已知 W_m 可得到 V_{ms}。

(7)由平带电压 V_{FB} 和 V_{ms}，根据式(8.13)得到等效氧化层电荷 Q_{OX}。

（二）CV-5000 型电容电压特性测试仪测量原理

CV-5000 型电容电压特性测试仪由主机和上位机组成，可在软件控制下完成校准及测试等功能，可同时显示 C-V 特性曲线。仪器电容量分辨率为 0.001 pF，偏置电压分辨率为 0.1 V，漏电流分辨率为 0.01 μA。

CV-5000 型电容电压特性测试仪采用电流电压测量方法，通过数字分频电路产生频率为 1 MHz 的正弦波测试信号，可用于不同偏压下 PN 结势垒电容的电容量测量，也可进行 MOS 电容及其他 MIS 电容的外加电压扫描测量，图 8.4 为仪器的前面板示意图。图 8.4 中，K1 为偏置电压加载键，K2 为测量键，K3 为短路校准键，K4 为开路校准键，K5 为校准触发键。

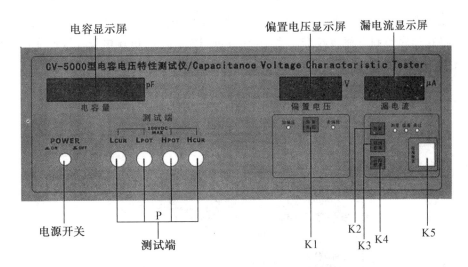

图 8.4 CV-5000 型电容电压特性测试仪的前面板示意图

CV-5000 型电容电压特性测试仪可通过 USB 接口与计算机相连,通过计算机上的测试系统采集测量数据,测试系统软件界面如图 8.5 所示。

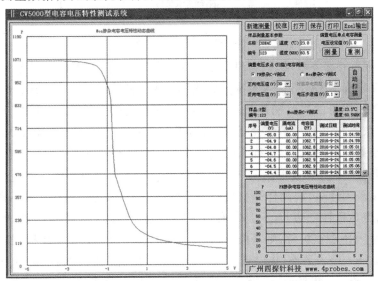

图 8.5 测试系统软件界面

四、实验内容及步骤

(1)打开 CV-5000 型电容电压特性测试仪的电源开关,仪器执行自检程序,自检完成后,测量指示灯亮。

(2)单击软件界面"校准"按钮后,将会弹出校准操作界面,如图 8.6 所示。校准操作分为偏置电压校准及漏电流零校准、开路零校准、短路零校准。单击校准操作界面中偏置电压校准及漏电流零校准框内的"开始校准"按钮,电容电压特性测试仪的偏置电压、漏电流将在程序控制下逐级校准。当"开始校准"按钮变为"电压电流校准已完成"时,表示偏置电压校准、漏电流零校准完成。

图 8.6　校准操作界面

下一步进行开路零校准,按窗口提示完成开路零校准后,单击"确认校准完成"按钮,当"确认校准完成"变为"开路零校准已完成"时,表示开路零校准已完成。然后进行短路零校准,把随机附带的短路铜片插入测试槽,按仪器面板上的"短路校准"键K3,电容显示屏内出现数字5,并且指示灯变亮,按窗口提示完成短路零校准后,单击短路零校准框内的"确认校准完成"按钮,当"确认校准完成"变为"短路零校准已完成"时,表示短路校准已完成,将短路铜片拿开。

(3)连接被测样品,被测样品引线应保持清洁并笔直,将被测样品插入测试夹具中。夹具的插槽电压极性左边为(+)极,右边为(-)极。测试三极管集电极-基极反向电压特性时,若为PNP型三极管,则基极插入(+)插槽,集电极插入(-)插槽;若为NPN型三极管,则基极插入(-)插槽,集电极插入(+)插槽。然后,加不同偏压即可得到不同偏压下的电容值。测试二极管时,二极管正极插入(-)插槽,负极插入(+)插槽,即可得到不同偏压下的电容值。测试MOS管时,将MOS管栅极插入(+)插槽,源极或漏极插入(-)插槽。

(4)零校准完成后,按仪器面板上的"测量"键(即K2),指示灯亮则表明进入测量状态。在进行测量之前,应在软件命令按钮界面将样品测量的基本参数(名称、温度、编号、湿度等)填写完整。

可在软件命令按钮界面选择"测量"或"自动扫描"功能。"测量"功能相当于手动测量。若选择"测量"功能,需自行确定适合测试元件的偏置电压参数,再单击"测量"按钮进行逐点测量。若选择"自动扫描"功能,则只需设定好正向偏置电压、反向偏置电压、扫描电压步进值等参数,单击"自动扫描"按钮后,仪器将自动测试各点电压值、漏电流值和电容值。

(5)测量完成后,"测试数据窗口"和"C-V曲线主窗口"会出现测试的数据及曲线,将测得的数据保存并输出至 Excel 表格中。

五、实验分析及探究

分别测试 P 型 MOS 管和 N 型 MOS 管的 C-V 曲线,根据实验原理分析曲线,并通过实验数据计算得到绝缘层厚度、衬底掺杂浓度和等效绝缘层电荷等信息。

实验九　PN结势垒特性及杂质的测试分析

当半导体材料中形成PN结时,由于电荷的扩散会在PN结界面附近形成空间电荷区,从而形成PN结势垒。PN结的杂质浓度及其分布性质决定了PN结势垒的电学特性。通过测量PN结的 $C\text{-}V$ 特性可以直接得到PN结的杂质浓度。

一、实验目的

(1)了解PN结的势垒特性。
(2)掌握 $C\text{-}V$ 法测量PN结势垒高度及杂质浓度的方法。

二、实验仪器

CV-5000型电容电压特性测试仪、半导体样品若干。

三、实验原理

(一)PN结的电容效应

当半导体中P型材料与N型材料结合在一起形成PN结时,因PN结界面两侧载流子浓度不同而发生扩散。P区的多子(空穴)扩散至N区,N区的多子(电子)则扩散至P区,从而在PN结界面附近形成电荷耗尽区,并产生内建电势,该内建电势由N区指向P区。当在PN结两侧外加偏压时,PN结界面附近的载流子将因外加电场的变化而重新分布,从而使耗尽层宽度发生变化,进而导致耗尽层内的电荷量发生变化。这一过程与电容的充放电过程相似,可等效为PN结的电容效应。因外加偏压引起PN结耗尽层宽度变化所引起的等效电容称为PN结的"势垒电容",势垒电容用 C_T 表示。

当PN结外加正向偏压时,电子和空穴在P区和N区中形成非平衡载流子的积累。当正向偏压增加时,在扩散区中积累的非平衡载流子也增加,即N型扩散区内积累的非平衡空穴和与之保持电中性的电子以及P型扩散区中积累的非平衡电子和与之保持电中性的空穴均增加,导致扩散区内电荷量发生变化,形成扩散电容,扩散电容用 C_D 表示。扩散电容随正向偏压增大呈指数关系增长。

对于PN结电容,在反向偏压或小的正向偏压作用下,以势垒电容为主;在大的正向偏压作用下,以扩散电容为主。本实验将主要对反向偏压下的电容变化值进行测量,因此主要考虑势垒电容的影响。电容 C 与电压 V 的关系可由下式表示：

$$C = \left| \frac{\mathrm{d}Q}{\mathrm{d}V} \right| \tag{9.1}$$

式中，Q 为电荷量。

当在PN结上加反向偏压时，势垒电容 C_T 将随外加偏压的变化而变化，利用这一特性可制成各种变容二极管。同时，利用PN结电容随外加电压的变化规律，我们可确定PN结轻掺杂一侧杂质浓度。

（二）势垒电容随外加电压的变化规律

如上所述，势垒电容是当PN结外加偏压发生变化时，势垒区宽度随之变化，使得空间电荷数量变化所导致的等效电容。当正向偏压增加或反向偏压减小时，势垒区变窄，空间电荷数量减少。实际上，势垒区的空间电荷由不能自由移动的杂质离子组成，所以空间电荷的减少是由N区的电子和P区的空穴流入，中和了势垒区中电离施/受主离子所导致。外加正向偏压的PN结势垒区示意图如图9.1所示。

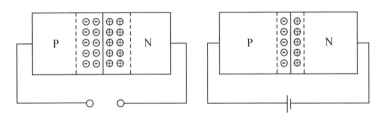

图9.1　外加正向偏压的PN结势垒区示意图

当PN结外加正向偏压减少（或反向偏压加大）时，势垒区变宽，空间电荷数量增加，如图9.2所示。这实际上是由一部分电子和空穴从势垒区中流出所导致的。载流子在空间电荷区中的"流入"和"流出"与电容器的充放电过程类似。不同的是，PN结空间电荷区宽度会随外加电压的变化而变化。

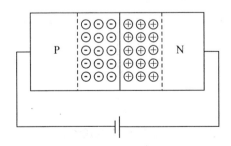

图9.2　外加反向偏压的PN结势垒区示意图

（三）由势垒电容确定杂质浓度和杂质浓度梯度

根据掺杂浓度不同，PN结一般可分为单边突变结和线性缓变结两种形式。单边突变结是指 PN 结两侧的掺杂浓度相差很大,P 区掺杂浓度远远大于 N 区掺杂浓度,其杂质浓度示意图如图 9.3 所示。图中 X_P、X_N 分别表示 P 型及 N 型杂质相对于 PN 结的掺杂深度,N_A 为 P 型杂质掺杂浓度,N_B 为 PN 结轻掺杂一侧杂质浓度。

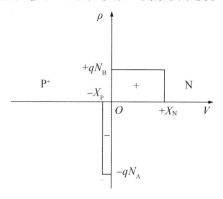

图 9.3 单边突变结杂质浓度示意图

若 PN 结面积为 A,则势垒电容为

$$C_T = A\left[\frac{q\varepsilon_0\varepsilon_r N_B}{2(V_D - V)}\right]^{\frac{1}{2}} \tag{9.2}$$

式中,N_B 为 PN 结轻掺杂一侧杂质浓度;ε_r 为半导体介电常数;ε_0 为真空介电常数;V_D 为 PN 结的接触电势差;V 为外加电压。

如果 PN 结两侧掺杂浓度近似为线性分布,则称为"线性缓变结",其杂质浓度示意图如图 9.4 所示。

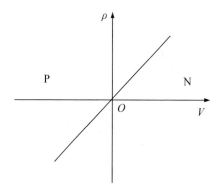

图 9.4 线性缓变结的杂质浓度示意图

对于线性缓变结,其势垒电容为

$$C_T = A\left[\frac{qa_j\varepsilon_0^2\varepsilon_r^2}{12(V_D - V)}\right]^{\frac{1}{3}} \tag{9.3}$$

式中,a_j 为杂质浓度梯度。

从式(9.2)和式(9.3)可以看出,突变结势垒电容与PN结面积和轻掺杂一侧杂质浓度有关,线性缓变结势垒电容与PN结面积和杂质浓度梯度有关。为了减小势垒电容,可以减小PN结面积和轻掺杂一侧杂质浓度或杂质浓度梯度。另外,从公式中还可看出,势垒电容正比于$\left(V_{\mathrm{D}}-V\right)^{\frac{1}{2}}$或$\left(V_{\mathrm{D}}-V\right)^{\frac{1}{3}}$。这说明反向偏压越大,势垒电容越小,反偏PN结的$C\text{-}V$特性曲线如图9.5所示。

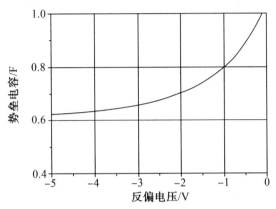

图9.5 反偏PN结的$C\text{-}V$特性曲线

对于单边突变结,将式(9.2)两边平方后取倒数,得

$$\frac{1}{C_{\mathrm{T}}^2}=\frac{2\left(V_{\mathrm{D}}-V\right)}{A^2\varepsilon_0\varepsilon_r qN_{\mathrm{B}}} \tag{9.4}$$

上式对V求微分,则有

$$\left|\frac{\mathrm{d}\left(\dfrac{1}{C_{\mathrm{T}}^2}\right)}{\mathrm{d}V}\right|=\frac{-2}{A^2\varepsilon_0\varepsilon_r qN_{\mathrm{B}}} \tag{9.5}$$

用实验数据作出$\dfrac{1}{C_{\mathrm{T}}^2}\text{-}V$关系曲线,应为一条直线,由直线斜率可求得轻掺杂一侧杂质浓度N_{B},由直线的截距可确定PN结接触电势差V_{D}。

对于缓变结,将式(9.3)两边立方后取倒数可得

$$\frac{1}{C_{\mathrm{T}}^3}=\frac{12\left(V_{\mathrm{D}}-V\right)}{A^3\varepsilon_0^2\varepsilon_r^2 qa_j} \tag{9.6}$$

用实验数据作出$\dfrac{1}{C_{\mathrm{T}}^3}\text{-}V$关系曲线,应为一条直线,由直线斜率可求得杂质浓度梯度a_j,由直线的截距可确定PN结接触电势差V_{D}。

四、实验内容及步骤

(1)参照实验八执行开机、校准等步骤。

(2)将PN结二极管的负极(N端)插入CV-5000型电容电压特性测试仪的正极,二极

管的正极(P端)插入CV-5000型电容电压特性测试仪的负极。

(3)在软件测试界面输入反向电压值,单击"测量",计算机自动读取电容值,并记录在数据窗口;改变电压值并记录相应电容值。

五、实验分析与探究

(1)将实验数据导出至Excel表格,并绘制C-V特性曲线。Excel中自动拟合曲线的方法可参考附录一。

(2)作出$\dfrac{1}{C_T^2}$-V关系曲线及$\dfrac{1}{C_T^3}$-V关系曲线,判断PN结的类型。

(3)由PN结类型求得相应PN结的杂质浓度N_B和杂质浓度梯度a_j。

(4)分别测量四个不同样品,得出它们的C-V特性曲线,并计算其杂质浓度或杂质浓度梯度。

实验十　PN结正向特性的研究和应用

PN结作为最基本的半导体结构,其物理特性对半导体器件的性能具有重要影响。对PN结正向特性进行研究可以估算玻尔兹曼常数以及材料的禁带宽度等基本参数。

一、实验目的

(1)掌握PN结正向压降随正向电流及温度变化而变化的关系。

(2)掌握通过PN结相关参数估算玻尔兹曼常数以及材料的禁带宽度的方法。

(3)掌握通过弱电流测量法测量三极管PN结的正向特性参数。

二、实验仪器

温度传感器实验装置、PN结正向特性综合测试仪、直流电源、液晶显示模块、恒温组合装置、LF356运算放大器、TIP31型三极管、9013型三极管等。

三、实验原理

(一)PN结的正向特性

理想情况下,PN结的正向电流随正向压降按指数规律变化。PN结的正向电流 I_F 和正向压降 V_F 存在如下近似关系式:

$$I_F = I_S e^{\frac{qV_F}{kT}} \tag{10.1}$$

式中, q 为电子电荷; k 为玻尔兹曼常数; T 为绝对温度; I_S 为PN结反向饱和电流,它是一个和PN结的禁带宽度以及温度有关的常数,可以证明下式成立。

$$I_S = CT^\gamma e^{-\frac{qV_{g(0)}}{kT}} \tag{10.2}$$

式中, C 是与PN结面积、掺杂浓度等有关的常数; γ 也是常数, γ 的数值取决于少子迁移率对温度的关系,通常取3.4; $V_{g(0)}$ 为绝对零度时PN结的导带底和价带顶的电势差,对应的 $qV_{g(0)}$ 即为禁带宽度。

将式(10.2)代入式(10.1),两边取对数可得

$$V_F = V_{g(0)} - \left(\frac{k}{q}\ln\frac{C}{I_F}\right)T - \frac{kT}{q}\ln T^\gamma = V_1 + V_{n1} \tag{10.3}$$

式中，$V_1 = V_{g(0)} - \left(\dfrac{k}{q} \ln \dfrac{C}{I_F} \right) T$，$V_{n1} = -\dfrac{kT}{q} \ln T^\gamma$。

式(10.3)就是PN结正向压降与电流和温度的关系表达式，这也是PN结温度传感器工作的基本方程。令 $I_F = $ 常数，则正向压降只随温度而变化。下面对 V_{n1} 项引起的非线性误差进行分析。

设温度由 T_1 变为 T 时，正向电压由 V_{F1} 变为 V_F，由式(10.3)可得

$$V_F = V_{g(0)} - (V_{g(0)} - V_{F1}) \frac{T}{T_1} - \frac{kT}{q} \ln \left(\frac{T}{T_1} \right)^\gamma \tag{10.4}$$

按理想的线性温度响应，V_F 应取如下形式：

$$V_{理想} = V_{F1} + \frac{\partial V_{F1}}{\partial T} (T - T_1) \tag{10.5}$$

$\dfrac{\partial V_{F1}}{\partial T}$ 等于温度为 T_1 时的 $\dfrac{\partial V_F}{\partial T}$ 值，由式(10.3)求导，变换可得

$$\frac{\partial V_{F1}}{\partial T} = -\frac{V_{g(0)} - V_{F1}}{T_1} - \frac{k}{q} \gamma \tag{10.6}$$

所以

$$\begin{aligned} V_{理想} &= V_{F1} + \left(-\frac{V_{g(0)} - V_{F1}}{T_1} - \frac{k}{q} \gamma \right) (T - T_1) \\ &= V_{g(0)} - (V_{g(0)} - V_{F1}) \frac{T}{T_1} - \frac{k}{q} (T - T_1) \gamma \end{aligned} \tag{10.7}$$

由理想线性温度响应式(10.7)和实际响应式(10.4)相比较，可得实际响应对线性的理论偏差为

$$\Delta = V_{理想} - V_F = -\frac{k}{q} (T - T_1) \gamma + \frac{kT}{q} \ln \left(\frac{T}{T_1} \right)^\gamma \tag{10.8}$$

设 $T_1 = 300 \text{ K}$，$T = 310 \text{ K}$，取 $\gamma = 3.4$，由式(10.8)可得 $\Delta = 0.048 \text{ mV}$，而 V_F 的改变量在 20 mV 以上，相比之下 Δ 的误差很小。但当温度变化范围增大时，V_F 温度响应的非线性误差将有所递增，这主要由 γ 因子所致。

综上所述，在恒流小电流的条件下，PN结的正向压降 V_F 对温度的依赖关系取决于线性项 V_1，即正向压降几乎随温度升高而线性下降，这就是PN结测温的理论依据。

（二）PN结温度传感器的灵敏度及禁带宽度的确定

由前所述，我们可以得到测量PN结正向压降 V_F 与热力学温度 T 的近似关系式：

$$V_F = V_1 = V_{g(0)} - \left(\frac{k}{q} \ln \frac{c}{I_F} \right) T = V_{g(0)} + ST \tag{10.9}$$

式中，S 为PN结温度传感器灵敏度，单位为 mV/℃。

用实验的方法测出 V_F-T 关系曲线，其斜率 $\Delta V_F / \Delta T$ 即为灵敏度 S。求得 S 后，根据式(10.9)可知

$$V_{g(0)} = V_F - ST \tag{10.10}$$

从而可求得温度为 0 K 时半导体材料的近似禁带宽度 $E_{g(0)} = qV_{g(0)}$。硅半导体材料的 $E_{g(0)}$ 约为 1.21 eV。

上述结论仅适用于杂质全部电离、本征激发可以忽略的温度区间(对于通常的硅二极管来说,温度范围为 $-50 \sim 150 \, ℃$)。如果温度低于或高于上述范围,由于杂质电离因子减小或本征载流子迅速增加,V_F-T 关系曲线将产生新的非线性曲线。这一现象说明,V_F-T 的特性还因 PN 结的材料而异。对于宽带隙材料(如 GaAs)的 PN 结,其高温端的线性区较宽;对于材料杂质电离能小(如 InSb)的 PN 结,其低温端的线性范围宽。对于给定的 PN 结,即使在杂质导电和非本征激发温度范围内,其线性度亦随温度的高低而有所不同,这是非线性项 V_{n1} 引起的。由 V_{n1} 对 T 的二阶导数 $\dfrac{d^2 V}{dT^2} = \dfrac{1}{T}$ 可知,$\dfrac{dV_{n1}}{dT}$ 的变化与 T 成反比,所以 V_F-T 的线性度在高温端优于低温端,这是 PN 结温度传感器的普遍规律。为改善 PN 结温度传感器的线性度,可采用以下两种方法。

(1)利用对管的两个 PN 结(将三极管的基极与集电极短路,分别与发射极组成 PN 结),使他们分别在不同电流(I_{F1} 和 I_{F2})下工作,由此获得两者之差($I_{F1} - I_{F2}$)与温度呈线性函数关系,即

$$V_{F1} - V_{F2} = \frac{kT}{q} \ln \frac{I_{F1}}{I_{F2}} \tag{10.11}$$

本实验所用的 PN 结也是由三极管的基极与集电极短路后构成的。尽管还有一定的误差,但与单个 PN 结相比其线性度与精度均有所提高。

(2)采用电流函数发生器来消除非线性误差。由式(10.3)可知,非线性误差来自 T^γ 项。利用函数发生器,使 I_F 比例于绝对温度的 γ 次方(T^γ),则 V_F-T 的理论线性误差为 0。实验结果与理论值比较一致,其精度可达 0.01 ℃。

(三)求玻尔兹曼常数

由式(10.11)可知,在保持温度不变的情况下,只要分别在不同电流 I_{F1}、I_{F2} 下测得相应的 V_{F1}、V_{F2} 就可求得玻尔兹曼常数 k,计算公式如下:

$$k = \frac{q}{T} \ln \frac{I_{F1}}{I_{F2}} (V_{F1} - V_{F2}) \tag{10.12}$$

为了提高测量的精度,也可根据式(10.1)指数函数的曲线回归,求得 k 值。方法是以公式 $I_F = Ae^{BV_F}$ 的正向电流 I_F 和正向压降 V_F 为变量,根据测得的数据,用 Excel 进行指数函数的曲线回归,求得 A、B 值,再由 $A = I_S$ 求出反向饱和电流 I_S,并由 $B = q/kT$ 求出玻尔兹曼常数 k。

(四)三极管 PN 结的弱电流测量

在 V_F 的实际测量中,二极管的正向 I-V_F 关系虽然能较好地满足指数关系,但求得的玻尔兹曼常数 k 往往偏小。这是因为通过二极管 PN 结的电流除了扩散电流外还有其他电流成分。一般通过二极管 PN 结的电流包括三个部分:①扩散电流,它严格遵

循式(10.1)。②耗尽层复合电流,其值正比于 $\exp(qV_F/2kT)$。③表面电流,它是由硅和二氧化硅界面中杂质引起的,其值正比于 $\exp(qV_F/mkT)$,一般 $m>2$。因此,为了验证式(10.1)并求出准确的玻尔兹曼常数 k,不宜采用硅二极管。若采用硅三极管接成共基极线路,因为此时集电极与基极短接,集电极电流中仅有扩散电流,复合电流主要在基极出现,测量集电极电流时将不包括复合电流。本实验选取具有良好性能的TIP31型硅三极管作为实验样品,同时采用较小的正向偏置,从而降低表面电流的影响,此时集电极电流与结电压满足式(10.1),并且本实验采用LF356运算放大器组成电流-电压变换器来测量弱电流信号。该运算放大器具有输入阻抗低、电流灵敏度高、温漂小、线性好、设计制作简单、结构牢靠等优点。实验电路如图10.1所示。

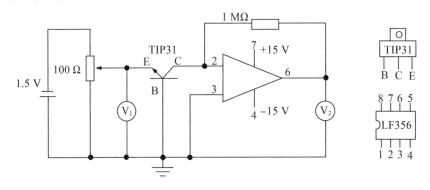

图10.1 实验电路图

LF356是一个高输入阻抗集成运算放大器,由其组成的电流-电压变换器(弱电流放大器)如图10.2所示。其中虚线框内电阻 Z_r 为电流-电压变换器等效输入阻抗,运算放大器的输出电压 V_o 为

$$V_o = -K_0 V_i \tag{10.13}$$

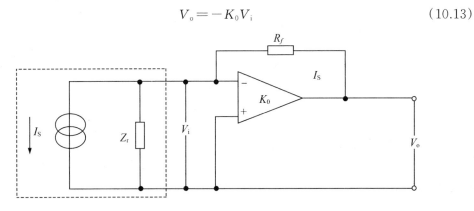

图10.2 电流-电压变换器

式(10.13)中的 V_i 为输入电压,K_0 为运算放大器的开环电压增益,即图10.2中反馈电阻 $R_f \to \infty$ 时的电压增益。因为理想运算放大器的输入阻抗 $r_i \to \infty$,所以信号源输入电流只流经反馈网络构成的通路。因而有

$$I_\mathrm{S} = \frac{V_\mathrm{i} - V_\mathrm{o}}{R_f} = \frac{V_\mathrm{i}(1 + K_0)}{R_f} \qquad (10.14)$$

由式(10.14)可得电流-电压变换器等效输入阻抗 Z_r 为

$$Z_\mathrm{r} = \frac{V_\mathrm{i}}{I_\mathrm{S}} = \frac{R_f}{1 + K_0} \approx \frac{R_f}{K_0} \qquad (10.15)$$

由式(10.13)和式(10.14)可得电流-电压变换器输入电流 I_S 和输出电压 V_o 之间的关系式。

$$I_\mathrm{S} = -\frac{V_\mathrm{o}}{K_0} \cdot \frac{1 + K_0}{R_f} = \frac{-V_\mathrm{o}\left(1 + \dfrac{1}{K_0}\right)}{R_f} \approx -\frac{V_\mathrm{o}}{R_f} \qquad (10.16)$$

由式(10.16)可知,只要测得输出电压 V_o,加上已知 R_f 值,即可求得 I_S 值。这里以高输入阻抗集成运算放大器 LF356 为例来讨论 Z_r 和 I_S 值的大小。LF356 运放的开环增益 $K_0 = 2 \times 10^5$,输入阻抗 $r_\mathrm{i} = 10^{12}\ \Omega$。若取 R_f 为 $1.00\ \mathrm{M}\Omega$,则由式(10.15)可得

$$Z_\mathrm{r} = \frac{1.00 \times 10^6\ \Omega}{1 + 2 \times 10^5} \approx 5\ \Omega \qquad (10.17)$$

若选用的数字电压表的分辨率为 $0.01\ \mathrm{V}$,那么用上述电流-电压变换器能显示的最小电流值为

$$I_{\min} = \frac{0.01\ \mathrm{A}}{1 \times 10^6} = 1 \times 10^{-8}\ \mathrm{A} \qquad (10.18)$$

综上,用集成运算放大器组成电流-电压变换器来测量弱电流的方法,具有输入阻抗小、灵敏度高的优点。

四、实验内容与步骤

(一)二极管 PN 结测试实验

(1)完成实验前的准备工作。开始实验时,首先将温度传感器实验装置上的"加热电流"开关及"风扇电流"开关置于"关"的位置。连接加热电源线,插好 Pt100 温度传感器和 PN 结温度传感器,两者连接均为直插式。二极管 PN 结引出线分别插入 PN 结正向特性综合实验仪上的 +V、−V 和 +I、−I 插孔。注意:插头和插孔的位置应匹配。

(2)测量同一温度下正向电压随正向电流的变化关系。打开电源开关,温度传感器实验装置上将显示出室温 T_R,记录下该初始温度。仪器通电预热 10 min 后,以室温为基准,测量伏安特性实验数据。将 PN 结正向特性综合实验仪上的电流量程置于 ×1 挡,调整电流调节旋钮,观察对应的 PN 结正向压降 V_F。从 $V_\mathrm{F} = 0.35\ \mathrm{V}$ 开始,每次增加 $0.01\ \mathrm{V}$,以此调节设定电流 I_F,记录下到 $V_\mathrm{F} = 0.58\ \mathrm{V}$ 时所有的电流值和电压值。

上述实验过程都是在室温下进行的,实际的 V_F 值的起、止点和间隔值可根据实际情况进行微调。

室温测试完成后,再任意设置一个比室温高的合适温度值,待温度稳定后,重复以上

实验,重新测得一组其他温度点的伏安特性曲线。

(3)测量同一恒定正向电流条件下PN结正向压降随温度的变化曲线。选择合适的正向电流I_F,并保持不变。一般选小于$100\,\mu A$的值,以减小自身热效应。将DH-SJ型温度传感器实验装置上的"加热电流"开关置"开"位置,根据目标温度选择合适的加热电流。在实验时间允许的情况下,加热电流可以取得小一点,如$0.3\sim0.6\,A$。当加热炉内温度开始升高时,开始记录对应的PN结正向压降V_F和温度T_R。

在整个实验过程中,正向电流I_F应保持不变,设定的温度应控制在$120\,℃$以内。

(二)三极管PN结弱电流测试实验

(1)实验电路如图10.1所示,图中V_1和V_2为液晶屏数显电压,TIP31型为带散热板的功率三极管,调节电压的分压器为多圈电位器。为保持PN结与周围环境温度一致,把TIP31型三极管浸没在恒温槽中,用DS18B20数字温度传感器测量温度。

(2)在室温下,测量三极管发射极与基极之间电压V_1和相应电压V_2。调节电位器使V_1的值从$0.3\,V$变化到$0.42\,V$,每隔$0.01\,V$测一次数据,测量10个数据点,V_2值达到饱和时(V_2值变化较小或基本不变)结束测量。记录测量开始和结束时的恒温器的温度,取温度平均值。

(3)改变恒温器温度,待PN结与恒温器温度一致时,重复测量V_1和V_2的关系数据,并与室温测得的结果进行比较。

(4)测量V_{BE}-T关系的电路示意图如图10.3所示,其中电压表V_2用于对取样电阻R=$1\,k\Omega$两端的电压进行采样,调节恒流源使其示数为$1.000\,V$,则电流为$1\,mA$。从室温开始每隔$5\sim10\,℃$测一次V_{BE}的值(即测量V_1的值,至少测6次)。

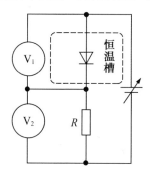

图10.3　测量V_{BE}-T关系的电路示意图

五、实验分析与探究

(一)二极管PN结测试实验

(1)根据测得的同一温度下,正向电压随正向电流变化而变化的数据,绘制伏安特性曲线。

(2)根据测得的恒定正向电流条件下正向压降随温度的变化曲线,确定 PN 结正向压降随温度变化的灵敏度 S(单位为 mV/K),并估算被测 PN 结的禁带宽度。以 T 为横坐标,以 V_F 为纵坐标,作 V_F-T 关系曲线,得到的拟合直线的斜率就是灵敏度 S,截距 B 就是电势差 $V_{g(0)}$,即 $V_{g(0)}(V) = B$。也可以根据式(10.10)进行单个数据的估算,将温度 T 和该温度下的电压 V_F 代入 $V_{g(0)} = V_F - ST$,即可求得 $V_{g(0)}$。根据 $V_{g(0)}$,由 $E_{g(0)} = qV_{g(0)}$ 求出 $E_{g(0)}$,并与公认值 $E_{g(0)} = 1.21\,\text{eV}$ 进行比较,求出其误差。

(3)计算玻尔兹曼常数:

①直接计算法:用测得的同一温度下伏安特性的实验数据,根据式(10.12)计算出玻尔兹曼常数。

②曲线拟合法:采用 Excel 进行指数函数的曲线拟合,从而得到相关系数。Excel 中自动拟合曲线的方法可参考附录一。

以公式 $I_F = Ae^{BV_F}$ 中正向电流 I_F 和正向压降 V_F 为变量,根据测得的同一温度下正向电压随正向电流的变化数据,以 V_F 为横轴,I_F 为纵轴,用 Excel 进行指数函数的曲线回归,求得 A、B 值,再由 $A = I_S$ 估算出反向饱和电流,由 $B = q/kT$ 求出玻尔兹曼常数 k。

(4)用给定的 PN 结测量未知温度。取出实验中使用的 PN 结传感器,结合实验仪器,利用该 PN 结传感器测量未知温度。

(二)三极管 PN 结弱电流测试实验

(1)根据实验步骤(1)到(3)测得的 V_1、V_2,以 V_1 为自变量,V_2 为因变量,运用最小二乘法,将实验数据代入 $V_2 = ae^{bV_1}$,求出函数相应的 a 和 b 值。

(2)将电子电量代入计算玻尔兹曼常数并与公认值进行比较分析。

(3)用最小二乘法对 V_{BE}-T 关系进行直线拟合,求出 PN 结测温灵敏度 S 及绝对温度为 0 K 时的硅材料禁带宽度 $E_{g(0)}$。

(4)根据实验步骤(3)得到的数据,求得 V_{BE}-T 关系。

下篇

半导体器件实验

实验十一　发光二极管特性参数测量

发光二极管是一种重要的半导体光电器件,简称LED。发光二极管一般由Ⅲ-Ⅴ族半导体化合物材料制成,其核心为PN结结构,同样具有PN结的物理特性。本实验主要利用半导体管特性图示仪测量发光二极管的正反向电学特性参数,包括各种发光二极管的正向导通电压及击穿电压等直流电学参数;利用LED多功能特性测试与应用实验仪测量发光二极管的光学特性及温度特性等参数。

一、实验目的

(1)掌握二极管的工作原理及特性。
(2)掌握发光二极管的工作原理及特性。
(3)学会使用半导体管特性图示仪测量发光二极管的直流电学参数。
(4)掌握使用LED多功能特性测试与应用实验仪测量发光二极管的光学特及温度特性等参数。

二、实验仪器与材料

半导体管特性图示仪、LED多功能特性测试与应用实验仪、发光二极管若干。

三、实验原理

(一)二极管的能带结构

二极管是最基本的一类微电子器件,其重要的电学特性是整流特性,即单向导电性。PN结的基本结构由相互接触的P型掺杂区和N型掺杂区构成,P区引出的电极称为"阳极",N区引出的电极称为"阴极"。PN结的基本结构及电荷分布示意图如图11.1所示。

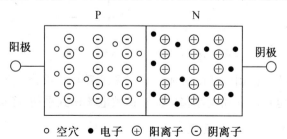

○ 空穴　● 电子　⊕ 阳离子　⊖ 阴离子

图11.1　PN结的基本结构及电荷分布示意图

二极管的P区由于P型掺杂会存在大量空穴,N区由于N型掺杂会存在大量电子。P区和N区接触后,由于载流子浓度不同,P区空穴和N区电子将分别向对方区域扩散,从而在PN结界面附近形成空间电荷区(或称为"耗尽层"),并形成由N区指向P区的内建电场,如图11.2所示。

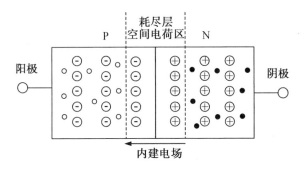

图11.2 PN结的空间电荷区及内建电场

在单独的N型或P型半导体中,载流子的势能都是一样的,电子可以认为是导带底能量,空穴可以认为是价带顶能量。但是在热平衡的PN结中,由于内建电势的存在,电子在N型半导体中的势能与在P型半导体中的势能是不一样的,导带底能量和价带顶能量在两边的高低也是不同的。因为在PN结界面附近存在内建电场,该电场的方向阻碍了多子的扩散运动,即内建电场既阻碍了空穴由P区扩散到N区,同时也阻碍了电子由N区扩散到P区。从能量上看,由于内建电场的出现,使得电子在P型半导体一边的能量提高了,同时空穴在N区的能量也提高了,从而在界面处形成了一个阻挡多子进一步扩散的势垒,即PN结势垒。图11.3为热平衡时的PN结能带图,图中E_C为导带能级,E_F为费米能级,E_V为价带能级。在达到热平衡后,P区与N区的费米能级是统一的。

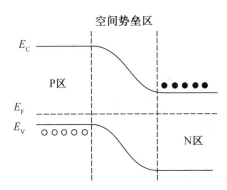

图11.3 热平衡时的PN结能带图

在PN结二极管势垒区中,存在两种与载流子漂移和扩散相关的电流。在没有外加电压的情况下,内建电场的存在使漂移电流和扩散电流达到平衡,净电流为零。

(二)发光二极管的发光原理

发光二极管一般由Ⅲ-Ⅴ族半导体化合物材料制成,如GaAs(砷化镓)、GaP(磷化镓)、GaAsP(磷砷化镓)、InGaN(铟氮化镓)、GaN(氮化镓)等。LED的发光原理基于注入式电致发光,即当电子与空穴复合时可辐射出可见光。

与普通二极管一样,发光二极管的核心部分也是PN结,也具有单向导电性。当在发光二极管两端施加正向电压时,内建电场被削弱,漂移电流和扩散电流之间的平衡被打破,载流子的漂移作用减小,扩散作用占据优势。此时,多子将容易通过PN结进入对方区域而成为少子。当进入P区的电子与空穴复合,进入N区的空穴与电子复合时,二极管将以发光的形式辐射出多余的能量,如图11.4所示。若在PN结两端加反向电压,则少子将难以注入,发光二极管无法发光。因不同半导体材料中禁带宽度不同,使得电子和空穴复合时释放的能量也不同,故发出的光的波长也不同。常用的红光LED(波长为625~700 nm)有磷砷化镓(GaAsP)、磷化镓(GaP)二极管等,黄光LED(波长为585~610 nm)有磷砷化镓(GaAsP)、镓铟铝磷(AlGaInP)二极管等,绿光LED(波长为505~570 nm)有镓铟铝磷(AlGaInP)、氮化铟镓(InGaN)二极管等,蓝光LED(波长为455 nm、480 nm)有氮化铟镓(InGaN)、氮化镓(GaN)二极管等,还有可在红外波段(波长大于780 nm)工作的砷化镓(GaAs)红外LED等。目前,在照明领域得到广泛应用的白光LED可用上述单色LED复合构成,或通过蓝光或紫外LED加上相应的荧光粉来实现。

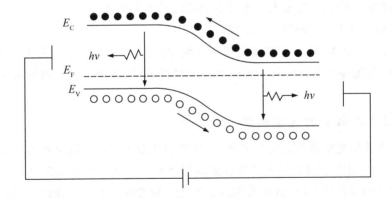

图11.4 发光二极管的发光原理

(三)发光二极管的电学参数

作为PN结器件,发光二极管同样具有非线性伏安特性和单向导电性,即外加正偏压时表现为低电阻,外为反偏压时表现为高电阻,如图11.5所示。当正向电压小于阈值电压时,正向电流极小,二极管不发光;当电压超过阈值电压后,正向电流随电压迅速增加。由发光二极管的伏安特性曲线可以得到相应的正向电压、反向电流及击穿电压等参数。注意:发光二极管属于电流控制型器件,在实际使用时需串接适当阻值的限流电阻。

半导体物理与器件实验教程
Experimental Course of Semiconductor Physics and Devices

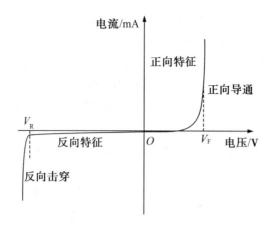

图11.5　发光二极管的伏安特性曲线

发光二极管的主要电学参数如下：

(1)正向压降(V_F)：每个发光二极管通过的正向电流(I_F)为规定值时(一般 $I_F = 20$ mA)，正、负极之间产生的电压降用符号 V_F 表示。由不同材料制成的发光二极管具有不同的 V_F 值。此外，电极材料的选择以及电极制造过程工艺条件的控制也对 V_F 有着重要影响。

(2)反向漏电流(I_R)：给发光二极管加上规定的反向电压时，通过发光二极管的电流用符号 I_R 表示。对于正常的发光二极管，$I_R < 10$ μA。

(3)反向击穿电压(V_R)：如果反向偏压持续增加，当反向偏压绝对值大于 V_R 时，I_R 将会突然增加，出现击穿现象。由于所用半导体材料不同，各种发光二极管的反向击穿电压也不同。

(四)发光二极管的光学参数

发光二极管的光学参数包括发光波长、发光强度及光强的空间分布等。发光二极管的发光波长主要取决于构成发光二极管的材料性质。发光二极管的发光强度或输出光功率随着波长的变化而不同，其关系构成了发光二极管的光谱分布曲线。当光谱分布曲线确定后，发光二极管的主波长、纯度等相关色度学参数亦随之而定。

发光二极管的光谱分布与制备所用半导体种类、性质及 PN 结结构(外延层厚度、掺杂杂质)等有关，而与器件的几何形状、封装方式无关。按发光强度和工作电流，发光二极管可分为普通亮度发光二极管(发光强度小于 10 mcd)和高亮度发光二极管(发光强度为 10~100 mcd)。一般普通发光二极管的工作电流在十几毫安至几十毫安之间，大功率发光二极管的工作电流在 100 mA 以上，而低电流发光二极管的工作电流在 2 mA 以下(亮度与普通发光管相同)。

根据发光强度角分布图，发光二极管可分为三种类型：

(1)高指向型：一般为尖头环氧封装，带金属反射腔封装，且不加散射剂。半值角为 5°~20°或更小，具有很高的指向性，可作局部照明光源用，或与光检测器联用以组成自动检测系统。

(2)标准型:通常作指示灯用,其半值角为20°～45°。

(3)散射型:这是视角较大的指示灯,半值角为45°～90°或更大,内含大量散射剂,主要用于LED照明。

本实验将对发光二极管在一维空间的光强分布进行测定。

(五)发光二极管的温度特性

发光二极管是一个温度依赖性较强的器件,温度的浮动可能会导致光输出显著变化和发光峰值波长漂移等现象。为保证发光二极管工作的稳定性和器件的使用寿命,对发光二极管温度特性进行测量是十分必要的。发光二极管作为PN结器件,其伏安特性是随温度变化而变化的,且具有负温度系数的特点。发光二极管的温度系数通常为$-2.5～-1.5$ mV/℃。因此,随着温度升高,发光二极管的伏安特性逐渐向左移。若发光二极管两端所加电压不变,则电流随温度升高而增加。发光二极管的效率较低,施加电压后,若散热不好,其温度很容易上升到85 ℃以上。假定发光二极管采用3.3 V恒压源在常温下工作,其电流工作约为20 mA。而当温度升高到85 ℃左右时,电流就会增加到35～37 mA,但其亮度并不增加。电流增加只会使它的温升更高,这样就会增加光衰,降低寿命。低温时,若同样采用恒压源供电,常温时的工作电流为20 mA,则当温度降低到-40 ℃时,电流就会降低至8～10 mA,使得发光二极管亮度降低。对于1 W的大功率发光二极管,情况也是一样,而且由于功率大,散热更不容易,温升问题更加严重。因此,除了散热问题以外,采用恒压电源供电是引起光衰的主要原因。一般来说,应该禁止采用恒压电源对发光二极管供电。

(六)发光二极管的混色效应

三基色包括红、绿、蓝三种颜色。人眼对红、绿、蓝最为敏感,大多数的颜色可以通过红、绿、蓝三种颜色按照不同的比例合成。同样,绝大多数单色光也可以分解成红、绿、蓝三种色光。这即是三基色原理。红、绿、蓝三色按照不同的比例相加合成混色称为"相加混色",除了相加混色法之外还有相减混色法。本实验采用RGB(红绿蓝)三色LED来完成混色实验,通过控制三路LED的工作电流,使之产生不同比例的三基色,从而完成混色实验。

(七)发光二极管的点阵显示

(1)LED点阵显示器以发光二极管为像素,用高亮度发光二极管芯阵列组合后,再用环氧树脂和塑模封装而成。LED点阵显示器具有亮度高、功耗低、引脚少、视角大、寿命长、耐潮湿、耐冷热、耐腐蚀等特点。LED点阵显示器有4×4、4×8、5×7、5×8、8×8、16×16、24×24、40×40等多种。根据像素的数目,LED点阵显示器分为单基色、双基色、三基色等,像素颜色不同所显示的文字、图案等内容的颜色也不同。单基色LED点阵显示器只能显示固定颜色(如红、绿、黄等单色),双基色LED点阵显示器和三基色LED点阵显示器显示内容的颜色由像素内不同颜色的组合方式决定,如红色和绿色组合可显示黄色。如果按照脉冲方式控制发光二极管的点亮时间,则可实现256色显示或更高级灰度显示,即可实验真彩色显示。

(2)LED点阵扫描驱动方案。由内部结构可知,LED点阵显示器宜采用动态扫描驱动方式工作。由于LED管芯大多为高亮度型,因此某行或某列的单体LED驱动电流可以选择窄脉冲,但其平均电流应限制在20 mA以内。多数LED点阵显示器中单体LED的正向压降约为2 V,但是大亮点的LED点阵显示器中的单体LED正向压降约为6 V。大屏幕显示系统一般是将多个LED点阵显示器组成小模块,并以搭积木的方式组合而成,每一个小模块都有自己的独立控制系统,组合在一起后只要引入一个总控制器即可控制各模块。LED的显示方式有静态显示和动态显示两种。静态显示原理简单,控制方便,但硬件接线复杂,因此实际应用中一般采用动态显示方式。动态显示采用扫描的工作方式,由峰值较大的窄脉冲驱动,从上到下逐次不断地对显示屏进行选通,同时又向各列送出表示图形或文字信息的脉冲信号,反复循环以上操作,就可以显示各种图形或文字信息。共阴极8×8 LED点阵显示器内部电路图如图11.6所示,该显示器由64个发光二极管组成,每个发光二极管放置在行线和列线的交叉点上,当对应的某一列置高电平、某一行置低电平时,相应的二极管点亮。

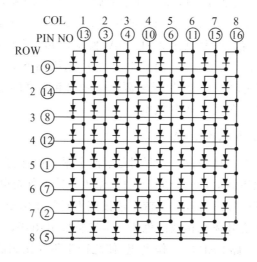

图11.6　共阴极8×8 LED点阵显示器内部电路图

四、实验内容与步骤

(一)LED电学特性的测量

(1)测量准备工作:开启半导体管特性图示仪,预热5~10 min。调节图示仪示波管的辉度、聚焦等旋钮,获得最佳的图像显示。半导体管特性图示仪的具体使用说明及注意事项见附录二。

(2)LED正向特性测量:

①将发光二极管的阳极(引脚较长端)插入图示仪测量面板上的C极插孔,阴极插入

测试面板上的 E 极插孔,如图 11.7(a)所示。

②调节 X 轴、Y 轴的显示:预估测试曲线的电压和电流范围,将 X 轴和 Y 轴的调节旋钮分别置于适宜位置。旋钮所指示的刻度对应荧光屏上的一大格,由于发光二极管的正向导通电压约为 2 V,所以可将 X 轴的刻度设置在 0.2~0.5 V/div 之间。

③施加集电极扫描电压:首先将扫描极性开关置于"＋",然后将峰值电压％调节旋钮调至 0,再选择合适的电压范围。当被测管所能承受的集电极扫描电压大小不确定时,扫描电压范围应从低电压开始,再依次切换到更高电压,且在切换之前务必将峰值电压％调节旋钮调至 0。由于二极管正向导通电压较低,所以将扫描电压范围设置在 0~10 V 即可。然后缓慢旋转峰值电压％调节旋钮,逐渐增大二极管的阳极电压,即可在荧光屏上显示出二极管的正向伏安特性曲线,同时可读取 $I_F = 20$ mA 时二极管的正向工作电压 V_F。

(3)LED 反向特性测试:LED 正向特性测量结束后,务必将集电极峰值电压％调节旋钮调至 0,再拔出二极管。将二极管的阴极插入测试面板上的 C 极插孔,阳极插入 E 极插孔,如图 11.7(b)所示。或不改变二极管的管脚接法,将集电极电源极性开关置于"－"。

(a)正向特性   (b)反向特性

图 11.7 测量二极管正向特性及反向特性时的引脚接法

①调节 X 轴、Y 轴的显示:预估反向击穿电压和电流的范围,将 X 轴和 Y 轴的调节旋钮分别置于的适宜位置。由于二极管的反向电流较小,可将 Y 轴的刻度设置在较小的范围内。

②施加集电极电压:与正向特性测试类似,首先将峰值电压％调节旋钮调至 0,再选择合适的电压范围。被测管所能承受的集电极扫描电压大小不确定时,扫描电压范围应从低电压开始,再依次切换到更高电压,且在切换之前务必将峰值电压％调节旋钮调至 0。缓慢旋转峰值电压％旋钮,逐渐增大二极管的阴极电压,即可在荧屏上观察到二极管的反向击穿特性曲线,同时可读取击穿电压 V_R。

(4)分别测试四种不同颜色的发光二极管,记录其正向工作电压及反向击穿电压。

(5)安全关闭图示仪:首先将集电极扫描电压调节旋钮调至 0,取下被测管,然后关闭图示仪电源。

(二)LED发光强度测试

(1)将待测白光LED样品插在LED多功能特性测试与应用实验仪的旋转座插座上，然后将光强传感器探头移至LED附近。调节探头中心高度，使之与LED样品轴线中心位置一致，使LED头部中心部位刚好接触到传感器探头上的中心孔，固定好光强传感器。然后将光强传感器与光强计连接起来，将LED测试插座与实验电源的恒流源输出连接起来，连接前应先把恒流源的调节电位器逆时针调节到最小。

(2)缓慢增加恒流源的输出电流，并记录光强计上的读数，超过量程后注意换挡，并记录测得的电流及相应的LED光强数据。

(3)将白光LED样品换成其他颜色的LED样品，重复步骤(1)和步骤(2)的操作。

(三)LED光强分布特性实验

(1)将待测白光LED样品插在实验仪的旋转座插座上，然后将LED光强传感器探头移至LED样品附近，调节探头中心高度，使之与LED样品轴线中心位置一致，并使探头到LED样品的距离大致为5~10 mm，以不妨碍LED旋转座旋转为准。

(2)将光强传感器及LED测试插座分别与光强计及实验电源的恒流源输出连接起来。

(3)将恒流源的大小调节到300 mA，点亮LED，然后在-90°~90°范围内旋转LED旋转座，每隔2°记录光强计的读数。

(4)更换待测样品，测量其他LED样品的一维空间光强分布特性。

(四)LED温度特性实验

(1)打开温度特性测试仪中的石英玻璃窗，将待测LED样品安装在固定插座上(红色插座接阳极，黑色插座接阴极)，然后盖上石英玻璃窗。

(2)将温度特性测试仪上的温度测量传感器及电流端子与温度控制器相应接口正确连接。

(3)恒压源供电实验：将实验电源LED-P2的稳压源输出与LED-VA的电流表以及LED测试插座串联起来，如图11.8所示。调节输出电压，使电流表的读数为200 mA，记录此时的稳压源输出电压；将LED光强计放置在石英玻璃窗的上方，用于测量LED的光强；开启温度控制器，将加热或制冷电流调节至3.5 A，分别设置温度控制表的读数，并在温度控制稳定后读取温度控制器中LED环境温度读数、光强计的读数以及电流表的读数并记录数据。测量LED环境温度时，可在-10~80 ℃范围内每隔10 ℃设置一个测量点。

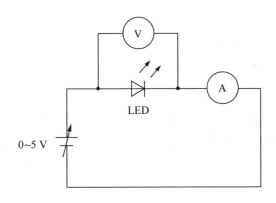

图 11.8　LED 正向伏安特性测量电路

(4)恒流源 LED 供电实验:恒流源供电电路图如图 11.9 所示。调节恒流源的输出为 200 mA;将 LED 光强计放置在石英玻璃窗的上方,用于测量 LED 的光强;开启温度控制器,将加热或制冷电流调节至 3.5 A,分别设置温度控制表的读数,并在温度控制稳定后读取温度控制器中 LED 环境温度读数、光强计的读数以及电压表的读数,并记录数据。测量 LED 环境温度时,可在 $-10 \sim 80$ ℃范围内每隔 10 ℃设置一个测量点。

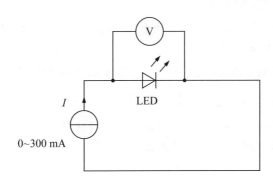

图 11.9　恒流源供电电路图

(五)LED 混色及点阵显示演示实验

(1)将混色实验电源和 LED 混色实验仪正确连接,注意 R、G、B 三路用不同颜色的插座和连接线区分。

(2)改变各路混色电流的大小,观察混色实验效果。

(3)观测混色后光强的变化情况:将 LED 光强计放置在混色实验仪观测窗上,分别将各路电流调节到某一值,待电流基本稳定后,记录混色后光强计上的读数;然后分别断开另外两路 LED 的连接线,记录 R、G、B 三路 LED 单独工作时光强计上的读数。

(4)将 LED 点阵显示实验仪连接至 5 V 开关电源,打开电源开关后 LED 点阵屏幕上将显示动态字符。

五、实验分析与探究

（一）发光二极管电学特性的测试

（1）绘制红、黄、绿、白四种发光二极管的正向伏安特性曲线。

（2）比较分析四种发光二极管的参数。

（3）分析温度升高可能对LED的正向工作电压和击穿电压的影响及原因。

（二）LED发光强度测试

（1）根据实验数据绘制LED发光强度与供电电流之间的关系曲线。

（2）比较分析不同LED发光强度与供电电流关系的差异。

（三）LED光强分布特性实验

（1）根据实验数据绘制LED的一维空间光强分布曲线。

（2）比较分析不同LED光强分布曲线的差异。

（四）LED温度特性实验

（1）根据实验数据，分别绘制在恒压及恒流供电情况下LED光强输出和工作电流随温度变化而变化的关系曲线图。

（2）分析温度变化对LED发光强度及工作电流的影响及原因。

（五）LED混色及点阵显示演示实验

（1）分析LED光强及颜色与工作电流的关系及变化规律。

（2）通过编程实现不同字符的点阵显示。

实验十二　稳压二极管特性参数测量

　　稳压二极管又称"齐纳二极管",是一种特殊的面接触型硅二极管。稳压二极管在反向击穿前都具有很高的电阻,而到临界击穿点时,其反向电阻将降低到一个很小的数值。稳压二极管可在反向齐纳击穿区域工作而不会造成永久性损坏,该类器件可广泛应用于稳压电源等限幅电路之中。

一、实验目的

　　(1)掌握稳压二极管的工作原理。
　　(2)掌握稳压二极管的伏安特性和参数定义。
　　(3)学会使用半导体管特性图示仪和恒温恒湿箱测试二极管温度特性。

二、实验仪器与材料

　　半导体管特性图示仪、恒温恒湿箱、稳压二极管若干。

三、实验原理

(一)稳压二极管的伏安特性

　　稳压二极管利用PN结反向击穿特性,在反向电压增大到一定程度时,虽然稳压二极管呈现出击穿状态,电流在较大范围内变化,但稳压二极管并未损坏,并且这种现象的重复性很好。尽管流过稳压二极管的电流变化很大,但两端电压变化极小,从而起到稳定电压的效果。稳压二极管的正向伏安特性同普通二极管一样,但是其反向特性更陡直,如图12.1所示。

　　从图12.1中可知,在反向电压达到稳定电压 U_z 时,二极管由截止状态转向导通,此时的电流为最低稳压电流 $I_{z\min}$。由于稳压管此时的动态电阻很小,当稳压电流在 $I_{z\min} \sim I_{z\max}$ 范围内时,电压基本维持不变,起到了稳压的作用。

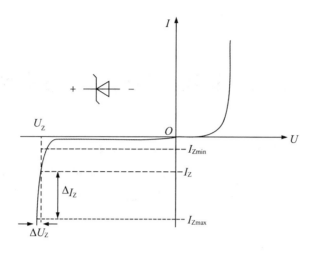

图12.1 稳压二极管的伏安特性曲线

（二）稳压二极管的主要参数

（1）稳定电压（U_Z）：正常工作时稳压管两端的电压。

（2）稳定电流（I_Z）：稳压管产生稳定电压时通过该管的电流值。低于此值时，稳压效果较差。

（3）动态电阻（R_Z）：稳压管两端电压变化与电流变化的比值，即 $R_z = \Delta U_z / \Delta I_z$。动态电阻越小，稳压管性能越好。动态电阻是随工作电流变化的，工作电流越大，动态电阻越小。因此，为使稳压效果好，工作电流要选择合适。工作电流应大些，这样可以减小动态电阻，但工作电流不能超过稳压二极管的最大允许电流（或最大耗散功率）。

（4）最大允许功耗为 $P_{ZM} = U_Z I_{Z\,max}$。

（5）电压温度系数：稳压管的稳定性能受温度影响，当温度变化时，它的稳定电压也要发生变化。电压温度系数在数值上等于温度每升高1℃时稳定电压的相对变化量。

（三）稳压二极管的工作原理

稳压二极管在电路中需与其他元器件结合来实现相应电路节点电压稳定的作用，其工作原理图如图12.2所示。

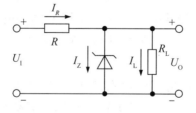

图12.2 稳压二极管工作原理图

假设稳压电路的输入电压 U_I 保持不变，当负载电阻 R_L 降低时电流 I_L 升高，同时电阻 R 两端的压降 U_R 也增大，$U_I = U_R + U_O$。U_O 减小时，I_Z 将急剧减小，因为 $I_R = I_L + I_Z$，所以 I_R 也将减小，最终 U_O 维持基本稳定。当负载电阻 R_L 保持不变，而输入电压 U_I 升高时，U_O 将增加，I_Z 也将急剧增加。因为 $I_R = I_L + I_Z$，所以 I_R 将增大，U_R 也将增大。又因为

$U_I = U_R + U_O$，所以 U_O 减小，最终 U_O 维持基本稳定。通过以上的分析可知，当电网电压波动或负载电流变化时，稳压二极管通过 I_Z 的变化来调节电阻 R 上的压降，从而保持输出电压基本不变。并且电阻 R 还起到限流作用，以保护稳压二极管不被损坏。因此在稳压二极管工作时，必须串联一个电阻。

四、实验内容与步骤

（1）开启半导体管特性图示仪，预热 5～10 min。调节图示仪示波管的辉度、聚焦等旋钮，获得最佳的图像显示。半导体管特性图示仪的具体使用说明及注意事项见附录二。

（2）测量稳压二极管正向特性的步骤如下：

①将稳压二极管的阳极插入图示仪测试面板上的 C 极插孔，阴极插入测试面板上的 E 极插孔，如图 12.3(a)所示。

②调节 X 轴、Y 轴的显示：预估测试曲线的电压和电流范围，将 X 轴和 Y 轴的调节旋钮分别置于适宜位置。旋钮所指示的刻度对应荧光屏上的一个大格，由于稳压二极管的正向导通电压在 0.7 V 左右，所以可将 X 轴的刻度设置在 0.1～0.2 V/div 之间。

③施加集电极扫描电压：首先将扫描极性开关置于"＋"，然后将峰值电压％调节旋钮调至 0，再选择 0～10 V 的峰值电压范围。当被测管所能承受的集电极扫描电压大小不确定时，扫描电压范围应从低电压开始，再依次切换到更高电压，且在切换之前务必将峰值电压％调节旋钮调至 0。由于二极管正向导通电压较低，所以将扫描电压范围设置在 0～10 V 即可。然后缓慢旋转峰值电压％调节旋钮，逐渐增大二极管的阳极电压，即可在荧光屏上显示出二极管的正向伏安特性曲线，得到正向导通电压 V_F。

（3）测量稳压二极管的反向特性，步骤如下：

①测完二极管正向特性后，务必将集电极峰值电压％调节旋钮调至 0，再拔出二极管。将二极管的阴极插入测试面板上的 C 极插孔，阳极插入 E 极插孔，如图 12.3(b)所示。或不改变二极管的管脚接法，将集电极电源极性开关置于"－"。

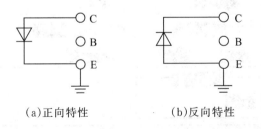

（a）正向特性　　　　　　（b）反向特性

图 12.3　测试二极管正向特性及反向特性时的引脚接法

②调节 X 轴、Y 轴的显示：预估反向击穿电压和电流的范围，将 X 轴和 Y 轴的调节旋钮置于适当位置。由于二极管的反向电流较小，可将 Y 轴的刻度设置在较小的范围。

③施加集电极电压：与正向特性测试类似，首先将峰值电压％调节旋钮调至 0，再选择合适的电压范围。被测管所能承受的集电极扫描电压大小不确定时，扫描电压范围应从低电压开始，再依次切换到更高电压，且在切换之前务必将峰值电压％调节旋

钮调至 0。本实验所测的稳压二极管的反向击穿电压小于 10 V,故峰值电压范围选择 0~10 V 即可。缓慢旋转峰值电压％旋钮,逐渐增大二极管的阴极电压,即可在荧屏上观察到二极管的反向特性曲线,读取稳定电压 U_z、稳定电流 I_z,并计算动态电阻 R_z。

(4)分别测试两个不同型号的稳压二极管,绘制其伏安特性曲线。

(5)温度特性测试:①将稳压二极管放入恒温恒湿箱中,其两个引脚通过屏蔽导线从恒温恒湿箱中接出,然后将硅胶塞从恒温恒湿箱外侧塞入接线孔。②关闭箱门,打开箱体操作系统中的 POWER 按钮及 LIGHT 按钮。③进入操作面板主页,单击左上角的“菜单”按钮(见图 12.4),选择“操作设定”,进入“功能和定值操作”界面,运行方式选择“直接运行”,工作方式选择“定值”,如图 12.5 所示。单击“定值设置”按键,在弹出的对话框中填入测试的温度 30 ℃、湿度 30％、时间 H0、时间 M30,然后单击“确定”按钮。返回监视画面,单击右下角的“运行”按键,仪器开始运行。

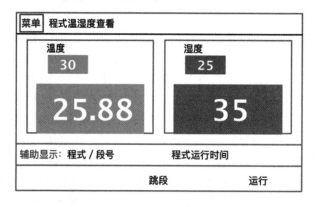

图 12.4　恒温恒湿箱监视界面

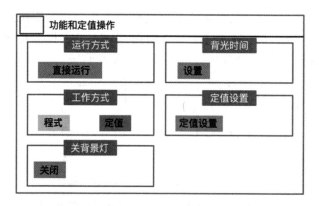

图 12.5　功能和定值操作界面

待箱内的温湿度稳定后,便可对稳压二极管的伏安特性进行测试。保持箱内湿度 30％ 不变,分别测试 30 ℃、40 ℃、50 ℃、60 ℃ 下的正反向伏安特性曲线。

五、实验分析与探究

（1）根据实验数据，绘制两个不同型号的稳压二极管的正反向伏安特性曲线。

（2）由伏安特性曲线，分别给出两个稳压二极管的正向导通电压 V_F、稳定电压 U_Z、稳定电流 I_Z、动态电阻 R_Z 等参数。

（3）绘制不同温度下稳压二极管的正反向伏安特性曲线，并根据伏安特性曲线，将不同温度下的正向导通电压 V_F 及稳定电压 U_Z 填入下表，并计算其电压温度系数。

温度 /℃	30	40	50	60
V_F/V				
U_Z/V				

（4）分析温度升高对二极管导通电压和击穿电压的影响及原因。

实验十三　双极型晶体管直流参数测量(1)

双极型晶体管是一种三端电子器件。该器件在工作时有电子和空穴两种载流子参与。双极型晶体管在电子电路的各个领域中都有广泛的应用。本实验将借助半导体管特性图示仪测量双极型晶体管的输入特性曲线和输出特性曲线,从而得出相应的直流参数。

一、实验目的

(1)掌握双极型晶体管的基本结构及主要参数的定义。

(2)掌握利用半导体管特性图示仪进行双极型晶体管输入、输出特性曲线的测量方法。

(3)掌握利用半导体管特性图示仪进行双极型晶体管转移特性曲线的测量方法。

(4)掌握双极型晶体管主要参数之间的关系。

二、实验仪器与材料

半导体管特性图示仪、双极型晶体管若干。

三、实验原理

(一)双极型晶体管的基本结构

双极型晶体管是由两个方向相反的PN结构成的三端器件,工作时通过一个正偏PN结的偏压,对附近反偏PN结的电流进行控制。根据P区与N区的分布,双极型晶体管可分为两类,分别为NPN型晶体管和PNP型晶体管,如图13.1所示。

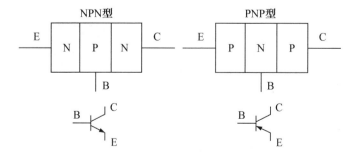

图13.1　双极型晶体管的基本结构与电路符号

双极型晶体管一般由掺杂种类及掺杂程度不同的三个区域构成,根据掺杂程度结构及功能不同分别命名为发射区、基区和集电区,形成的两个PN结分别为发射结和集电结。从三个区域各引出一个电极,分别为发射极(E)、基极(B)和集电极(C)。

为实现正常电流放大作用的要求,双极型晶体管一般具有以下特征:①在掺杂浓度上,发射区的掺杂浓度比集电区的掺杂浓度要高得多,基区的掺杂浓度极低,而集电区的掺杂浓度介于发射区和基区之间。②在结构上,集电区面积要大于发射区面积,以便充分收集发射区发射的载流子;基区很薄,以减少基区复合。因此,双极型晶体管并非是两个PN结的简单组合,而是利用一定的掺杂工艺根据特定的结构制作而成,不能用两个二极管来代替,使用时也不能把发射极和集电极接反。

二双极型晶体管工作于正常电流放大区的外部电路条件要求为:发射结应处于正向偏置,以利于发射区载流子的扩散,形成发射极电流I_E;集电结应处于反向偏置,以利于集电区收集载流子,以形成集电极电流I_C。NPN型晶体管的工作原理图如图13.2所示。

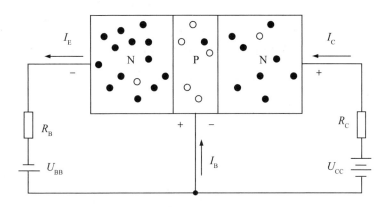

图13.2　NPN型晶体管的工作原理图

如上所述,晶体管满足上述条件正向工作时,发射区向基区发射的电子数等于基区复合掉的电子与集电区收集的电子数之和,即$I_E = I_B + I_C$。晶体管的集电极电流I_C稍小于I_E,但远大于I_B,I_C与I_B的比值在一定范围内基本保持不变。当基极电流有微小变化时,集电极电流将发生较大的变化,其电流变化值的比值$\beta = \Delta I_C / \Delta I_B$称为"电流放大倍数"。因此,很小的基极电流$I_B$就可以控制较大的集电极电流$I_C$。对于不同型号、不同类型的晶体管,$\beta$值的差异较大,大多数晶体管的$\beta$值在几十至几百的范围内。

(二)双极型晶体管的输入特性曲线

输入特性是指在晶体管输入回路中,当管压降U_{CE}为某一定值时,加在基极和发射极的电压U_{BE}与由它所产生的基极电流I_B之间的关系。图13.3为测量双极型晶体管输入特性的电路图。当$U_{CE} = 0$时,相当于集电极与发射极短路,此时U_{BE}和I_B的关系就是发射结和集电结两个正向二极管并联的伏安特性。因为此时发射结和集电结均正偏,所以I_B是发射区和集电区分别向基区扩散的电子电流之和。当U_{BE}很小时,$I_B = 0$,晶体管截止;当U_{BE}大于发射结阈值电压时,I_B逐渐增大,晶体管开始导通。随着I_B在较大范围内变动,相应的 U_{BE} 值变化很小,近似一个常数,此时的 U_{BE} 称为"发射结正向导通电压"。不同半导体材料构成的晶体管,其导通电压也不相同,硅管的导通电压一般在 $0.7\,V$ 左右,锗管的导通电压在 $0.3\,V$ 左右。

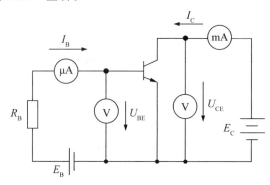

图 13.3　测量双极型晶体管输入特性的电路图

当 $U_{CE} \geqslant 1\,V$,即给集电极加上固定的反向电压时,集电结收集能力增强,使得从发射区进入基区的载流子绝大部分流入集电区形成电流 I_C。同时,在相同的 U_{BE} 值下,流向基极的电流 I_B 减小,使得输入特性曲线右移,如图 13.4 所示。

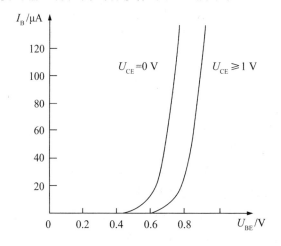

图 13.4　双极型晶体管的输入特性曲线

(三)双极型晶体管的输出特性曲线

输出特性通常是指在一定的基极电流 I_B 控制下,晶体管的集电极与发射极之间的电压 U_{CE} 同集电极电流 I_C 的关系,如图 13.5 所示。晶体管的工作状态根据其放大特性的不同,可分为截止区、放大区以及饱和区三个区域。

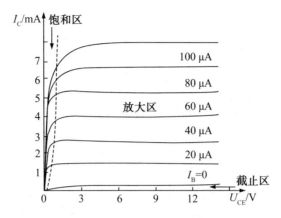

图 13.5　双极型晶体管的输出特性曲线

（1）截止区：发射结正偏，但发射结电压 U_{BE} 小于导通电压，集电结反向偏置 $U_{BC}<0$，$I_B=0$，$I_C\neq0$。

（2）放大区：发射结正偏，且发射结电压 U_{BE} 大于导通电压，集电结反偏 $U_{BC}<0$。当 U_{CE} 大于一定的数值时，I_C 只与 I_B 有关，此区域满足 $I_C=\beta I_B$，即 I_C 的大小受 I_B 的控制，$\Delta I_C\gg\Delta I_B$，此时的晶体管具有很强的电流放大作用。

（3）饱和区：发射结正偏，且发射结电压 U_{BE} 大于导通电压，且 $U_{CE}<U_{BE}$，$U_{BC}>0$，即集电结也正偏。输出特性曲线簇靠近纵轴附近，各条曲线的上升部分十分密集，几乎重叠在一起，此时当 I_B 改变时，I_C 基本上不会随之而改变。晶体管饱和的程度因 I_C 和 I_B 的不同而改变，当 $U_{CE}=U_{BE}$ 时，晶体管的状态为临界饱和（即 $V_{BC}=0$）；当 $U_{CE}<U_{BE}$ 时，晶体管的状态称为"过饱和"。饱和时的 U_{CE} 用 U_{CES} 表示，晶体管深度饱和时 U_{CES} 很小，一般小功率管的 $U_{CES}<0.3\,V$，锗管的 U_{CES} 为 $0.1\,V$。

晶体管的电流放大能力可分别用直流电流放大系数 $h_{FE}=I_C/I_B$（表示晶体管放大直流电流的能力）和交流电流放大系数 $\beta=\Delta I_C/\Delta I_B$（表示晶体管放大交流电流的能力）来表示。

（四）双极型晶体管的转移特性曲线

在双极型晶体管的共射极电路中，转移特性曲线指输出端电流随输入端电流变化的曲线。测量双极型晶体管的转移特性曲线时，只要将其共射极输出特性曲线中的 X 轴作用开关拨至"基极电流"即可，获得的曲线如图 13.6 所示。h_{FE} 值和 β 值可用图 13.6 的转移特性曲线进行测量和计算，且可直接观察到 β 值的线性度好坏。图 13.6 中，小电流下 β 值略有降低，这是由基区表面复合及势垒区复合等问题所导致的。

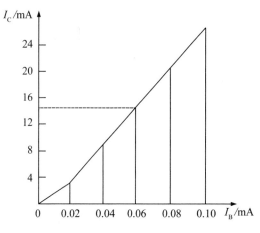

图13.6　共射极的转移特性曲线

四、实验内容与步骤

（1）测试准备：开启半导体管特性图示仪，预热5～10 min。调节图示仪示波管的辉度、聚焦等旋钮，获得最佳的图像显示。测量NPN晶体管的特性曲线时光点移至左下角，测量PNP晶体管的特性曲线时光点移至右上角。半导体管特性图示仪的具体使用说明及注意事项见附录二。

（2）晶体管输入特性的测量：将晶体管的发射极、基极、集电极分别插入半导体管特性图示仪的E、B、C插孔。半导体管特性图示仪开关及旋钮的位置可参考表13.1，并根据实际情况进行调节。

表13.1　测量NPN型晶体管输入特性曲线时图示仪各开关及旋钮的位置

开关/旋钮	设置
集电极电源极性	正（＋）
阶梯极性	正（＋）
功耗限制电阻	0～50 kΩ（适当选择）
峰值电压范围	0～50 V（适当选择）
X轴V_{BE}	0.1～5 V/div（适当选择）
Y轴I_B	阶梯信号
阶梯选择	0.1 mA/级

在未插入被测管之前，先将X轴集电极电压置于1 V/div，调峰值电压为10 V，然后插入被测晶体管，将X轴电压开关调至作用电压V_{BE}为0.1 V/div，即可得到$V_{CE} = 10$ V时的输入特性曲线。此时可计算出输入阻抗$r_{BC} = \left. \dfrac{\Delta U_{BE}}{\Delta I_B} \right|_{U_{CE} = 10 \text{ V}}$的值，并读出导通

电压 U_{on}。

PNP 型晶体管的测量方法同上,只需改变扫描电压极性、阶梯信号极性,并把光点移至荧光屏右上角即可。本实验分别测试一个 NPN 型晶体管和一个 PNP 型晶体管。

(3)晶体管输出特性曲线和转移特性曲线的测量:以 NPN 型 2N3904 晶体管为例,查手册可知 2N3904 晶体管的直流电流放大系数 h_{FE} 的测试条件为 $U_{CE}=1\,V$, $I_C=10\,mA$。将光点移至荧光屏的左下角作坐标原点,图示仪各开关及旋钮的位置如表 13.2 所示。

表 13.2　NPN 晶体管输出特性曲线测量时图示仪各开关及旋钮的位置

开关/旋钮	设置
集电极电源极性	正(+)
阶梯极性	正(+)
功耗限制电阻	0~50 kΩ(适当选择)
峰值电压范围	0~50 V
X 轴 V_{CE}	0.5 V/div
Y 轴 I_C	1 mA/div
阶梯选择	20 μA/级

逐渐加大峰值电压就能在显示屏上看到一簇特性曲线,读出集电极电压 $U_{CE}=1\,V$ 时最上面一条曲线(每条曲线为 20 μA,最下面一条 $I_B=0$ 不计在内)的 I_B 值和 I_C 值,计算 h_{FE} 的值。

若把 X 轴选择开关放在基极电流或基极源电压位置,即可得到如图 13.6 所示的转移特性曲线,根据此曲线可求晶体管的 β 值。

PNP 型晶体管 h_{FE} 和 β 值的测量方法同上,只需改变扫描电压极性、阶梯信号极性,并把光点移至荧光屏右上角即可。本实验分别测试一个 NPN 型晶体管和一个 PNP 型晶体管。

(4)实验完成后,取下被测件,关闭图示仪电源。

五、实验分析及探究

(1)分别测量并绘制一个 NPN 型晶体管和一个 PNP 型晶体管的三种特征曲线,求出其相应参数并填入表 13.3。

表 13.3　测量结果

型号	类型	U_{on}	r_{BC}	h_{FE}	β	I_{CEO}

(2)分析测量过程中功耗电阻所起的作用及其选取的依据。

(3)为保证晶体管的安全,在测量过程中应注意哪些事项?

实验十四　双极型晶体管直流参数测量(2)

晶体管在正向使用时,集电结总是处于反偏状态,因此反向特性对双极型晶体管的性能有重要影响。晶体管的反向特性参数主要包括反向截止电流和反向击穿电压。本实验主要对晶体管的反向击穿电压进行测量。

一、实验目的

(1)掌握晶体管的反向击穿特性。
(2)理解反向击穿电压 V_{CBO}、V_{CEO} 与 V_{EBO} 的测量电路图。
(3)学会使用MOS管测试仪测量晶体管的反向击穿电压。

二、实验仪器与材料

MOS管测试仪、双极型晶体管若干。

三、实验原理

根据晶体管的不同使用条件,反向击穿电压通常有 V_{CBO}、V_{CEO} 和 V_{EBO} 三种,它们代表不同的含义。在共基极接法中,当发射极开路[见图14.1(a)]时,经过集电极势垒区雪崩倍增后的反向截止电流 $I_{CBO} \to \infty$,此时的电压就是共基极集电结雪崩击穿电压,记为 V_{CBO}。

在共射极接法中,当基极开路[见图14.1(b)]时,经过集电极势垒区雪崩倍增后的反向截止电流 $I_{CEO} \to \infty$,此时的电压就是共射极集电结雪崩击穿电压,记为 V_{CEO}。

当集电极开路,而发射结反偏[见图14.1(c)]时,发射极电流 $I_{EBO} \to \infty$ 时的发射结反向电压就是击穿电压,记为 V_{EBO}。 V_{EBO} 的取值范围一般为 $4\sim10$ V,因此其击穿类型可能是雪崩击穿,也可能是隧道击穿。

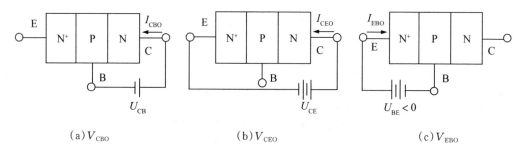

$(a)V_{CBO}$　　　　　　$(b)V_{CEO}$　　　　　　$(c)V_{EBO}$

图14.1　双极型晶体管的击穿特性测试原理图

四、实验内容与步骤

(1)打开电源开关前应检查设备:I_{dm}开关和高压开关应在"OFF"位置上。

(2)连接测试盒,将测试盒前面四根连接线与仪器左下方的 G、S1、D、S 四个插孔对应连接。将测试盒右边测试座的选择开关拨至"V_{DSS}"。

(3)数字表调零:开启仪器电源约一分钟后,若电流表和电压表不能显示 00.0,则需要通过仪器背后的两个调零电位器进行调零,方法如下:

①I_{dm}电流表调零:断开大电流 D 测试线,将 I_{dm} 开关拨至"ON",若 I_{dm} 电流表不能显示 00.0,则调节仪器背后的"电流表调零"电位器,使之为 00.0。

②$V_{DSS}/V_{GS(th)}$电压表调零:把高压开关拨至"OFF",I_{DSS}选择 250 μA 挡,高压调节电位器必须逆时针旋转到底,按下 $V_{GS(th)}$ 按钮,若电压表未能显示 00.0,则调节仪器背后的"电压表调零"电位器使之为 00.0。

(4)击穿电压的测量:根据被测三极管的参数,选择适当的 I_{DSS} 电流值。把高压开关拨至"ON"。调节"高压调节"电位器,使电压表显示在被测器件击穿电压的 130%～150%,测试时只要击穿指示灯亮了就说明电压已经够了,反之则需再调高一些。注意:调好后必须把高压开关拨至"OFF"位置。

①V_{CBO} 的测量:将被测管按图 14.2(a)所示电路插入测试座。将测试盒右侧开关拨至"V_{DSS}"位置,然后按下仪器右下方的 V_{DSS} 按钮,电压表将显示该被测管的 V_{CBO} 值。

②V_{CEO} 与 V_{EBO} 的测量电路分别如图 14.2(b)、图 14.2(c)所示,将被测管插入测试座,测试盒右侧开关拨至"V_{DSS}"位置,然后按下仪器右下方的 V_{DSS} 按钮,电压表将显示该被测管相应的击穿电压值。

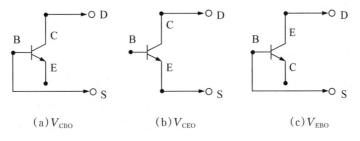

(a)V_{CBO} (b)V_{CEO} (c)V_{EBO}

图 14.2 双极型晶体管的击穿电压测量电路

(5)记录被测管的击穿电压数据后,取下被测器件,关闭仪器电源。

五、实验分析与探究

(1)请说明掺杂浓度对击穿电压的影响及原因。

(2)请分析 V_{CBO}、V_{CEO}、V_{EBO} 三个电压值的大小。

实验十五　场效应管直流参数测量

场效应晶体管(field effect transistor，FET)简称场效应管，是利用电场来控制载流子运动的器件，属于电压控制型器件，具有输入阻抗高、速度快、功耗低等优点。场效应晶体管可以分为结型场效应晶体管和绝缘栅型场效应晶体管两大类。金属-氧化物-半导体场效应晶体管(metal oxide semiconductor FET，MOSFET)是典型的绝缘栅型场效应晶体管，目前在半导体器件中占据重要地位。

一、实验目的

(1)掌握MOSFET的基本结构与工作原理。
(2)掌握MOSFET各参数的定义。
(3)掌握测量MOSFET转移特性曲线与输出特性曲线的方法。

二、实验仪器与材料

半导体管特性图示仪、场效应晶体管若干。

三、实验原理

(一)场效应管的基本结构

与双极型晶体管不同，MOSFET工作时只有一种载流子参与导电，所以又称为"单极性晶体管"。按导电沟道类型的不同，MOSFET可分为N沟道和P沟道。根据阈值电压及导电特性的不同，MOSFET又可分为增强型及耗尽型。N沟道增强型MOSFET的基本结构及电路符号如图15.1所示。在杂质浓度较低的P型硅衬底上，有两个具有较高掺杂浓度的N$^+$区，分别作为源区和漏区。在源区和漏区上有两个用金属构成的接触电极，分别为源极S和漏极D。源区和漏区中间的区域为沟道区，沟道区表面覆有一层很薄的二氧化硅(即栅极绝缘层)，在栅极绝缘层上有由铝或多晶硅构成的电极，即栅极G。此外，衬底上也有引出电极B，从而构成一个N沟道增强型MOSFET。N沟道MOSFET导电沟道中的载流子为电子。P沟道MOSFET与N沟道MOSFET正好相反，其衬底是N型半导体，源区和漏区都是P$^+$掺杂，沟道中的载流子为空穴。

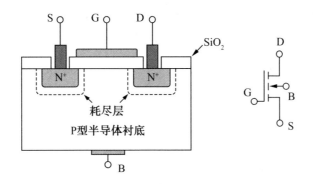

图15.1　N沟道增强型MOSFET的基本结构及电路符号

（二）MOSFET的工作原理

1.栅源电压V_{GS}的控制作用

对于N沟道增强型MOSFET,当MOSFET的栅源电压$V_{GS}=0$时,栅极下面的沟道区保持P型导电类型,漏源之间等效于一对背对背的二极管。若在漏源之间加上漏源电压V_{DS},则不管V_{DS}极性如何,其中总有一个PN结为反偏状态。此时,漏源之间不会形成电流,即漏源电流$I_{DS}=0$,MOSFET处于截止状态。

当$0<V_{GS}<V_T$,即栅源电压不超过阈值电压V_T时,栅极下方的半导体表面会产生垂直电场,如图15.2(a)所示。在电场的作用下,P型区内的空穴被不断地排斥到衬底下方,在沟道区与栅氧化层界面附近出现耗尽层。耗尽层中的少子将被电场吸引向表层运动。由于此时的电场强度较小,吸引到表层的电子数量有限,不足以形成导电沟道沟通漏极和源极,漏源之间依然处于截止状态。

当$V_{GS}\geqslant V_T$,即栅极电压超过阈值电压V_T时,栅极下方的半导体表层中聚集的电子增多,超过半导体中的空穴数量,形成表面反型,形成N型沟道,将漏极和源极沟通,如图15.2(b)所示。如果此时加上漏源电压V_{DS},就可以形成漏源电流I_{DS}。随着V_{GS}的继续增加,反型层变厚,I_{DS}增加。

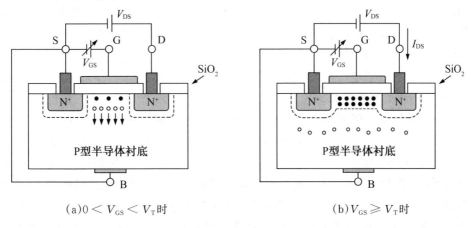

(a)$0<V_{GS}<V_T$时　　　　　　　　(b)$V_{GS}\geqslant V_T$时

图15.2　N沟道增强型MOSFET的工作原理图

通过改变栅源电压 V_{GS}，人们可以实现对漏源电流 I_{DS} 的控制，即电压控制电流。当 V_{DS} 一定时，I_{DS} 随 V_{GS} 的变化称为"MOSFET 的转移特性"，如图 15.3 所示。

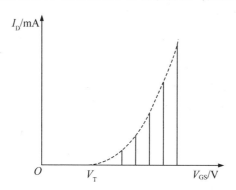

图 15.3　MOSFET 的转移特性曲线

在 $V_{GS}=0$ 时，没有导电沟道，依靠栅源电压的作用而形成导电沟道的 FET 称为"增强型(或常关型)FET"。如果在零偏压下，已有导电沟道存在，必须加一个反向电压来排除沟道中的载流子，以降低沟道电导的 FET 称为"耗尽型(或常开型)FET"。N 沟道耗尽型 MOSFET 的结构与 N 沟道增强型 MOSFET 的结构相似，不同的是在制造 N 沟道耗尽型 MOSFET 时，就在二氧化硅绝缘层中掺入了正离子。当 $V_{GS}=0$ 时，这些正离子已感应出反型层，形成了沟道，只有在栅极加负电压(即 $V_{GS}<0$)时才可使沟道消失。P 沟道 MOSFET 的工作原理与 N 沟道 MOSFET 完全相同，只不过导电的载流子不同，供电电压极性不同。对于 P 沟道增强型 MOSFET，其 $V_T<0$，当 $V_{GS}<V_T$ 时形成导电沟道。

2. 漏源电压 V_{DS} 的控制作用

当 V_{DS} 很小时，沟道内的电势都近似为零，各点的电子浓度也近似相等，这时沟道就像一个阻值与 V_{DS} 无关的固定电阻，所以漏源电流 I_{DS} 与漏源电压 V_{DS} 呈线性关系，这一区域称为"线性区"。

随着 V_{DS} 逐渐增大，由漏极流向源极的电流也会增大，使得源极和漏极之间存在电势差，栅极与沟道中各点之间的电压不再相等，各点的电子浓度也不再相等，沟道厚度会随着向漏极靠近而变薄，如图 15.4(a)所示。沟道中电子的减少使沟道电阻增大，因此输出特性曲线的斜率会降低。

当 V_{DS} 增大到夹断电压时，沟道厚度在漏极处为零，如图 15.4(b)所示。此时沟道被夹断，使漏端沟道夹断所需加的漏源电压 V_{Dsat} 称为"饱和漏源电压"，对应的电流 I_{Dsat} 称为"饱和漏源电流"，这一区域称为"过渡区"。线性区和过渡区统称为"非饱和区"。随着 V_{DS} 继续增大，沟道夹断点向源极移动，从而在沟道和漏区之间形成耗尽区，如图 15.4(c)所示。当电子在耗尽区内的漂移速度达到饱和速度时，即使 V_{DS} 再增大，I_{DS} 也不会增大，这一区域称为"饱和区"。当 V_{DS} 增大到漏源击穿电压 $V_{DS(BR)}$ 时，I_{DS} 将迅速增大，原因可能是漏极 PN 结发生了雪崩击穿，也可能是漏源区发生穿通，这一区域称为"击穿区"。将不同 V_{GS} 下的输出特性曲线画在一起就构成了 N 沟道增强型 MOSFET 的输出特性曲线，如图 15.5 所示。

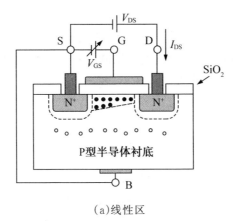

(a)线性区

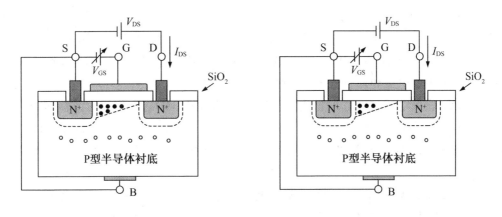

(b)过渡区　　　　　　　　　　　　　　(c)耗尽区

图15.4　N沟道增强型MOSFET漏源电压V_{DS}的控制作用原理图

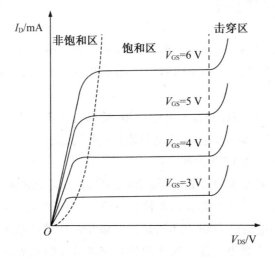

图15.5　N沟道增强型MOSFET的输出特性曲线

3.MOSFET 各参数的定义

(1)饱和漏极电流(I_{DSS}):当耗尽型 MOSFET 的栅源电压为0、漏源电压足够大时,漏源饱和电流称为"饱和漏极电流",它反映了 MOSFET 零栅压时原始沟道的导电能力。

(2)跨导(g_m):跨导是在一定漏源电压下,栅压微分增量与由此而产生的漏极电流微分增量的比值,即

$$g_m = \frac{\partial I_D}{\partial V_{GS}}\bigg|_{V_{DS}=C}$$

跨导是转移特性曲线的斜率,表征了栅电压对漏极电流的控制能力,是衡量 MOSFET 放大能力的重要参数。跨导的单位是西门子,用 S 表示,1 S=1 A/V,或用欧姆的倒数表示,记为 Ω^{-1}。

(3)开启电压(V_T)和夹断电压(V_P):开启电压是指增强型 MOSFET 在一定漏源电压下,开始有漏源电流时对应的栅源电压值。夹断电压是指耗尽型 MOSFET 在一定漏源电压下,漏极电流减小到接近于零(或等于某一规定数值,如 50 μA)时的栅源电压。MOSFET 的夹断电压和开启电压又统称为"阈值电压"。

(4)漏源击穿电压($V_{DS(BR)}$):当栅源电压恒定,漏源电压超过一定值时,漏源电流将急剧增加,这种现象称为"漏源击穿",使漏源电流迅速上升的漏源电压称为"漏源击穿电压"。当栅源电压不同时,漏源击穿电压也不同,通常把栅源电压为0时对应的漏源击穿电压记为 $V_{DS(BR)}$。

(5)栅源击穿电压($V_{DS(BR)}$):栅源击穿电压是栅源之间所能承受的最高电压,其大小取决于栅氧化层的质量和厚度。当栅源电压超过一定限度时,会使栅氧化层发生击穿,造成器件永久性击穿,因而不能用半导体管特性图示仪来测量 MOSFET 的栅源击穿电压。

四、实验内容与步骤

(1)开启半导体管特性图示仪,预热 5~10 min。调节图示仪示波管的辉度、聚焦等旋钮,获得最佳的图像显示。半导体管特性图示仪的具体使用说明及注意事项见附录二。

注意事项:在测量时,若栅极没有外接电阻,阶梯选择不要直接采用电流挡,以免损坏器件。栅极应尽量避免悬空以防止静电对器件的损害;测试时源极应接地良好。

(2)N 沟道增强型 MOSFET 的测量:

①输出特性曲线:测量 MOSFET 的输出特性曲线类似于双极型晶体管的特性曲线测量方法,其引脚接法与双极型晶体管的接法一致,即源极 S 对应发射极 E,栅极 G 对应基极 B,漏极 D 对应集电极 C,如图15.6所示。双极型晶体管的输入信号为基极电流,而 MOSFET 的输入信号为栅极电压。因此测量时应将输入的基极电流改为栅极电压,即将基极阶梯选择选用电压挡(V/级)。图示仪各开关及旋钮的位置可参考表15.1,并根据

实际情况进行调节。测试时逐渐增大峰值电压旋钮,可得到如图15.5所示的输出特性曲线。

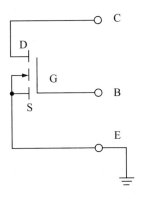

图15.6 测量N沟道增强型MOSFET输出特性曲线时的引脚接法

表15.1 测量N沟道增强型MOSFET输出特性曲线时图示仪各开关及旋钮的位置

开关/旋钮	设置
集电极电源极性	正(+)
阶梯极性	正(+)
功耗限制电阻	0~1 kΩ(适当选择)
峰值电压范围	0~50 V(适当选择)
X轴集电极电压	0.1~5 V/div(适当选择)
Y轴集电极电流	10 μA/div~0.5 A/div(适当选择)
阶梯选择	1 V/级

②转移特性曲线:测量MOSFET转移特性曲线的引脚接法与测量MOSFET输出特性曲线的相同,图示仪各开关及旋钮的位置可参考表15.2,并根据实际情况调节。最后可得到如图15.3所示的转移特性曲线。

表15.2 测量N沟道增强型MOSFET转移特性曲线时图示仪各开关及旋钮的位置

开关/旋钮	设置
集电极电源极性	正(+)
阶梯极性	正(+)
功耗限制电阻	0~1 kΩ(适当选择)
峰值电压范围	0~50 V(适当选择)
X轴基极电压/电流	阶梯信号
Y轴集电极电流	10 μA/div~0.5 A/div(适当选择)
阶梯选择	1 V/级

在测量转移特性曲线时需设定测量时的 V_{DS} 值,如将测量条件设定为 $V_{DS}=10\,V$,可用如下方法进行设定:将 X 轴旋钮拨至集电极电压 1 V/div,将图示仪荧光屏上光点移至坐标左下角,然后调节峰值电压,可得到输出特性曲线,输出特性曲线向右延伸至 10 V,这样便设定了集电极电压值。再将 X 轴旋钮拨至基极电流,即可得到 $V_{DS}=10\,V$ 时的转移特性曲线。注意:在测量过程中,不要再调节峰值电压旋钮,否则 $V_{DS}=10\,V$ 的测量条件将发生改变。

③V_T 的读测:若设定 V_T 的读取条件为 $I_D=1\,mA$,则在转移特性曲线上找到 $I_D=1\,mA$ 所对应的 V_{GS} 值,即为阈值电压 V_T。

④漏源击穿电压 $V_{DS(BR)}$ 的测量:调节峰值电压为 0,并将其范围增大,X 轴集电极电压改为 5 V/div 或 10 V/div,加大功耗电阻,再调节峰值电压,则可以看到包含击穿区的输出特性曲线。其中,最下面一条输出特性曲线(即 $V_{GS}=0$)的转折点处对应的 X 轴电压为 $V_{DS(BR)}$ 值。

常用测量 $V_{DS(BR)}$ 的方法是:采用如图 15.7 所示的引脚接法,将器件的栅极 G 和源极 S 短接后接入半导体管特性图示仪的 E 极,将器件的漏极 D 接入半导体管特性图示仪的 C 极。图示仪各开关及旋钮的位置可参考表 15.3,并根据实际情况进行调节。

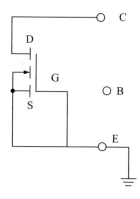

图 15.7   测量 N 沟道增强型 MOSFET 漏源击穿电压时的引脚接法

表 15.3   测量 N 沟道增强型 MOSFET 漏源击穿电压时图示仪各开关及旋钮的位置

开关/旋钮	设置
集电极电源极性	正(+)
阶梯极性	正(+)
功耗限制电阻	0~10 kΩ(适当选择)
峰值电压范围	0~100 V(适当选择)
X 轴集电极电压	0.1~5 V/div(适当选择)
Y 轴集电极电流	10 μA/div~0.5 A/div(适当选择)

　　调节峰值电压旋钮,逐渐增大漏极电压,则可得到图15.8所示曲线,曲线上的转折点即为漏源击穿电压$V_{\text{DS(BR)}}$。如果$V_{\text{DS(BR)}} > 100\,\text{V}$,则可将电压范围增大至$0\sim500\,\text{V}$,再重复上述测试步骤。

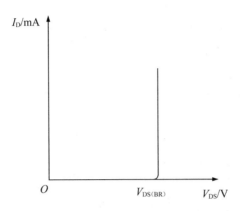

图15.8　N沟道增强型MOSFET漏源击穿电压的输出特性曲线

　　⑤饱和漏极电流I_{DSS}的测量:设定测试条件为$V_{\text{GS}} = 0\,\text{V}$,$V_{\text{DS}} = 10\,\text{V}$,则在输出特性曲线图中最下面一条输出特性曲线($V_{\text{GS}} = 0\,\text{V}$)上,取$X$轴电压$V_{\text{DS}} = 10\,\text{V}$时对应的$Y$轴电流,即为$I_{\text{DSS}}$值。但由于增强型MOSFET的$I_{\text{DSS}}$通常很小,实际上用图示仪无法读出。

　　⑥跨导的测量:根据跨导的定义,利用转移特性曲线,计算出特定偏置条件下的跨导值。

　　(3)N沟道耗尽型MOSFET的测量:

　　①输出特性曲线:测量输出特性曲线时,引脚的接法与测量N沟道增强型MOSFET输出特性曲线的接法相同。图示仪各开关及旋钮的位置可参考表15.4,并根据实际情况进行调节。

表15.4　测量N沟道耗尽型MOSFET输出特性曲线时图示仪各开关及旋钮的位置

开关/旋钮	设置
集电极电源极性	正(＋)
阶梯极性	负(－),测$V_{\text{GS}} \leqslant 0$部分输出特性曲线 正(＋),测$V_{\text{GS}} \geqslant 0$部分输出特性曲线
功耗限制电阻	$0\sim1\,\text{k}\Omega$(适当选择)
峰值电压范围	$0\sim50\,\text{V}$(适当选择)
X轴集电极电压	$0.1\sim5\,\text{V/div}$(适当选择)
Y轴集电极电流	$10\,\mu\text{A/div}\sim0.5\,\text{A/div}$(适当选择)
阶梯选择	$1\,\text{V/级}$

因耗尽型MOSFET的阈值电压小于零,其栅源电压的范围包括正值和负值,可先将基极阶梯极性设为负,然后调节峰值电压旋钮,得到$V_{GS} \leqslant 0$部分的输出特性曲线。再将阶梯极性设为正,可得到$V_{GS} \geqslant 0$部分的输出特性曲线。将正负栅压下的曲线合并,便可得到完整的输出特性曲线。

②饱和漏极电流I_{DSS}的测量:设定测试条件为$V_{GS} = 0\,V$,$V_{DS} = 10\,V$。在负栅压情况下,选择输出特性曲线图中最上面一条输出特性曲线(即$V_{GS} = 0\,V$),取X轴电压$V_{DS} = 10\,V$时对应的Y轴电流,即为I_{DSS}。

③V_P的测量:设定测试条件为$I_D = 10\,\mu A$,$V_{DS} = 10\,V$。利用负栅压时的输出特性曲线,从最上面一条曲线向下数,每两条曲线之间的间隔对应一定的栅压值(如$-0.2\,V$),一直数到$I_D = 10\,\mu A$(对应于$V_{DS} = 10\,V$处)便可得到V_P值。由于$10\,\mu A$是一个较小的值,可以通过改变Y轴上电流的量程读取。

④跨导的测量:跨导会随工作条件变化而变化,一般情况下测量最大值,即测量$I_D = I_{DSS}$时的跨导值。在输出特性曲线上,对应于$V_{GS} = 0\,V$,$V_{DS} = 10\,V$的点,可得

$$g_m = \left. \frac{\Delta I_D}{\Delta V_{GS}} \right|_{V_{DS} = 10\,V}$$

⑤转移特性曲线:测量转移特性曲线时,引脚的接法与测量输出特性曲线相同。图示仪各开关及旋钮的位置可参考表15.5。

表15.5　测量N沟道耗尽型MOSFET转移特性曲线时半导体管图示仪各开关及旋钮的位置

开关/旋钮	设置
集电极电源极性	正(＋)
阶梯极性	负(－),测$V_{GS} \leqslant 0$部分转移特性曲线 正(＋),测$V_{GS} \geqslant 0$部分转移特性曲线
功耗限制电阻	$0 \sim 1\,k\Omega$(适当选择)
峰值电压范围	$0 \sim 50\,V$(适当选择)
X轴基极电压/电流	阶梯信号
Y轴集电极电流	$10\,\mu A/div \sim 0.5\,A/div$(适当选择)
阶梯选择	$1\,V/$级

将测试条件定为$V_{DS} = 10\,V$。将漏极电压调整到$10\,V$的方法是:将X轴旋钮扳回到集电极电压$2\,V/div$,光点移至坐标左下角,然后调节峰值电压,便得到输出特性曲线,并使$V_{GS} = 0$的最上面一条曲线向右延伸至$10\,V$。再将X轴旋钮拨回"基极电压/电流",将光点移至右下角,即可得到$V_{GS} \leqslant 0$部分的转移特性曲线。注意:在测量过程中,不要再调节峰值电压旋钮,否则$V_{DS} = 10\,V$的测量条件将改变。

此时,曲线与坐标右侧线($V_{GS} = 0$)的交点为I_{DSS},曲线斜率为g_m,而$I_D = 10\,\mu A$时对应的V_{GS}值为V_P(此时可将Y轴集电极电流拨到$0.01\,mA/div$,以便于准确测量V_P值)。

然后,将阶梯极性转为正,将Y轴集电极电流增大为$0.5\,mA/div$,同时将光点移至坐

标底线的中间,便得到栅压为正时的转移特性曲线。将栅压分别为正、负时的曲线合并,便得到完整的转移特性曲线。

⑥$V_{DS(BR)}$的测量:将峰值电压调节为0,并将其范围增大,X轴集电极电压改为5 V/div或10 V/div,加大功耗电阻,再调节峰值电压,特性曲线图中最下面一条输出特性曲线($V_{GS}=0$)的转折点处对应的X轴电压,即为$V_{DS(BR)}$值。

由于耗尽型MOSFET的开启电压小于零,所以不能采用将栅极G和源极S短接,漏极D加电压的方法测量$V_{DS(BR)}$。

(4)P沟道增强型MOSFET的测量:

①输出特性曲线:测量输出特性曲线测试时,引脚接法与测量N沟道增强型MOSFET的输出特性曲线相同。将半导体管特性图示仪的光点调至坐标右上角。图示仪各开关及旋钮的位置参考表15.6,并根据实际情况进行调节。

表15.6 测量P沟道增强型MOSFET输出特性曲线时图示仪各开关及旋钮的位置

开关/旋钮	设置
集电极电源极性	负（-）
阶梯极性	负（-）
功耗限制电阻	0~1 kΩ(适当选择)
峰值电压范围	0~50 V(适当选择)
X轴集电极电压	0.1~5 V/div(适当选择)
Y轴集电极电流	10 μA/div~0.5 A/div(适当选择)
阶梯选择	1V/级

②转移特性曲线:测量转移特性曲线时,引脚接法与测量N沟道增强型MOSFET的转移特性曲线相同,图示仪各开关及旋钮的位置可参考表15.7,并根据实际情况进行调节。

表15.7 测量P沟道增强型MOSFET转移特性曲线时图示仪各开关及旋钮的位置

开关/旋钮	设置
集电极电源极性	负（-）
阶梯极性	负（-）
功耗限制电阻	0~1 kΩ(适当选择)
峰值电压范围	0~50 V(适当选择)
X轴基极电压/电流	阶梯信号
Y轴集电极电流	10 μA/div~0.5 A/div(适当选择)
阶梯选择	1 V/级

五、实验分析与探究

(1)根据所测数据,画出输出特性曲线和转移特性曲线;根据实验中观测到的波形及纪录的实验数据,求出相应 MOSFET 的 V_P、V_T、$V_{DS(BR)}$、I_{DSS} 以及 g_m 值。

(2)结合实验曲线,解释 P 沟道增强型 MOSFET 的工作原理,并分析与 P 沟道耗尽型 MOSFET 的输出特性曲线和转移特性曲线的差异。

实验十六　晶体管基极电阻的测量

晶体管基极电阻是晶体管的重要参数之一,它的存在对晶体管的噪声特性、功率增益和发射区电流分布都有不良影响,因此应尽量减小晶体管的基极电阻。准确测量晶体管基极电阻有助于改善晶体管的相关特性,优化电路性能。

一、实验目的

(1)了解测量晶体管基极电阻的原理以及基极电阻测量值随频率变化的规律。
(2)掌握反向注入信号法测量晶体管基极电阻的方法。

二、实验仪器与材料

晶体管基极电阻测量仪、高频信号源、示波器、高频毫伏表。

三、实验原理

(一)基极电阻

基极电阻是指由基极引线经非工作基区到工作基区(内基区)的电阻。基极电阻也被称为"基区电阻",用 $r_{BB'}$ 表示。晶体管的基极电阻($r_{BB'}$)一般由基极金属电极与基区的欧姆接触电阻(r_{con})、基极接触处到基极接触孔边缘的电阻(r_{CB})、基极接触孔边缘到工作基区边缘的电阻(r_B)以及工作基区的电阻($r_{B'}$)四部分串联而成,即 $r_{BB'} = r_{con} + r_{CB} + r_B + r_{B'}$,如图16.1所示。

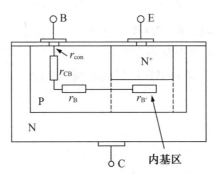

图16.1　NPN型晶体管基极电阻示意图

由于基区很薄,$r_{BB'}$的截面积很小,但$r_{BB'}$的数值比较大,因此基极电阻对晶体管的多项电学性能都会造成不良影响,尤其对低噪声晶体管影响更大。

(二)基极电阻的反向注入信号法测量

测量$r_{BB'}$的方法通常有两种。第一种方法是基极输入信号法。该方法是将高频信号加在被测晶体管的基极和发射极之间,然后测出输出短路时共射极输入阻抗的实部,当频率f等于阈值频率f_T且发射极电阻$r_E \ll r_{BB'}$时,这个实部近似于$r_{BB'}$。但由于该方法只考虑了实部,而且$r_E \ll r_{BB'}$这个条件也不易满足,因此测量时这个方法会引入较大误差,且$f = f_T$的条件对测试设备的要求较高。第二种方法是反向注入信号法。该方法是将高频信号加在被测管集电极和基极之间,令发射极对交流开路,然后测出发射极电压V_E,并与基极已知串联电阻R_B上的电压V_B进行比较。该方法较为简单,可在频率不太高的条件下测量。

此外,人们还可用电桥零电压法等测量$r_{BB'}$。在测量基极电阻时,当被测管的阈值频率$f_T > 400\,\mathrm{MHz}$时,就需要采用分布参数电路测量$r_{BB'}$。

本实验采用反向注入信号法来测量晶体管的基极电阻。图16.2为反向注入信号法测$r_{BB'}$的原理图。反向注入信号法在高频小信号下进行,将基极串联电阻R_B与$r_{BB'}$作对比,集电极接输出电压为V_2的高频信号源E_g。在电压V_2作用下,可得发射极高频电压V_E、基极高频电压V_B及$r_{BB'}$上的电压$V_{B'}$。

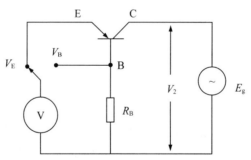

图16.2　反向注入信号法测$r_{BB'}$的原理图

图16.3是测量基极电阻时的高频等效电路,其中$r_{BB'}$表示基极与基区之间的等效电阻(在结构上由内基区电阻、外基区电阻和电极接触电阻组成),r_{CE}为基区宽度调变引起的等效反馈电阻,其值较大。流过基区电阻的电流由通过r_E、C_E、r_C、C_C的电流构成。

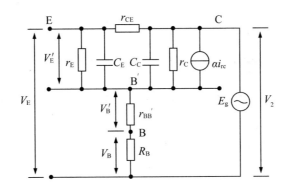

图16.3　测量基极电阻时的高频等效电路

由图16.3可得

$$V_E' \approx \frac{Z_E}{r_{CE}}$$

式中，V_E' 为发射极到内基区的电压；Z_e 为发射极等效阻抗。

因此通过 r_E 的电流为

$$i_{re} = \frac{Z_E}{r_{CE}}$$

由 i_{re} 分流到基极的电流 i_{B1} 为

$$i_{B1} = (1-\alpha)i_{re} = (1-\alpha)\left(\frac{Z_E}{r_{CE}} \cdot \frac{V_2}{r_E}\right) \tag{16.1}$$

式中，α 为共基极电流增益。

由 C_E 流入基极的电流为 $i_{CE} = \dfrac{V_E'}{X_E}$，其中 $X_E = -\dfrac{j}{\omega C_E}$，$C_E \approx \dfrac{1}{\omega_a r_E}$，$\omega$ 为信号角频率，ω_a 为截止频率，可得

$$i_{CE} = -\frac{Z_E}{r_{CE}}V_2\frac{1}{j\left(\dfrac{\omega_a r_E}{\omega}\right)} = j\frac{\omega Z_E}{\omega_a r_{CE} r_E}V_2 \tag{16.2}$$

由 r_C、C_C 流过的电流 i_C 也通过基极电阻，考虑到集电极等效电阻 $Z_C \gg r_{BB'} + R_B$，可以得到：

$$i_C = (g_C + j\omega C_C)V_2 \tag{16.3}$$

式中，g_C 为集电极跨导，$g_C = \dfrac{1}{r_{CE}}$。

因此通过基极电阻的总电流 i_B 为上述三项之和，即

$$i_B = i_{B1} + i_{CE} + i_C = \left[(1-\alpha)\frac{Z_E}{r_E r_{CE}} + j\frac{\omega Z_E}{\omega_a r_E r_{CE}} + g_C + j\omega C_C\right]V_2 \tag{16.4}$$

若令 $\tan\varphi = \omega/\omega_a$，可以得到

$$Z_E = r_E \cos^2\varphi(1 - j\tan\varphi) \tag{16.5}$$

$$i_B = \left[\left(g_{CE} \sin^2 \varphi + g_E \right) + j\omega \left(\frac{\alpha g_{CE}}{\omega} \cos^2 \varphi + C_C \right) \right] V_2 \tag{16.6}$$

式中,g_{CE}为发射极-集电极跨导,$g_{CE} = \dfrac{1}{r_{CE}}$。

将Z_E和i_B代入$V_B = i_B R_B$,$V_{B'} = i_B r_{BB'}$,$V_{E'} = (Z_E / r_{CE}) V_2$关系式中,整理可得

$$\frac{V_E}{V_B} = \frac{R_B'}{RB} \left\{ 1 - \left[1 - \frac{AG_1 + \omega C_1 B}{G_1{}^2 + (\omega C_1)^2} - j \frac{BG_1 - \omega C_1 A}{G_1{}^2 + (\omega C_1)^2} \right] \right\} \tag{16.7}$$

式中

$$A = G_1 + \frac{r_E}{r_{CE} R_B'} \cos^2 \varphi, \quad B = \omega \left[C_1 + \frac{r_E}{\omega_a r_{CE} R_B'} \cos^2 \varphi \right], \quad G_1 = g_c + (1 - \alpha) g_{CE}$$

$$C_1 = C_C + \alpha \frac{g_{CE}}{\omega_a} \cos^2 \varphi, \quad R_B' = R_B + r_{BB'}, \quad g_{CE} = \frac{1}{r_{CE}}, \quad \tan \varphi = \frac{\omega}{\omega_a}$$

选择测试频率ω,使

$$r_B \ll \frac{1}{\omega C_C} \ll r_C, \quad \frac{1}{\omega C_E} \gg r_E$$

忽略r_E和C_E,并使反向注入信号满足恒流条件,则式(16.7)可化为

$$\frac{V_E}{V_B} = \frac{R_B'}{R_B} \left(1 - j \frac{r_E}{R_B'} \cdot \frac{1}{r_{CE} \omega C_C} \right) \tag{16.8}$$

当发射极电流设定为$I_E = 1\,\text{mA}$时,则$r_E = 26\,\Omega$,可选取适当R_B使R_B'远大于r_E。一般来说,r_{CE}较大,在测试频率f为几兆赫时,对于C_C较大的晶体管,式(16.8)的虚部可以忽略,因此有

$$\frac{V_E}{V_B} = \frac{R_B'}{R_B}$$

则

$$r_{BB'} = \left(\frac{V_E}{V_B} - 1 \right) R_B \tag{16.9}$$

因此,测得V_E、V_B,即可求得$r_{BB'}$。但V_E和V_B的比值依赖于频率的变化,如图16.4所示。当频率f较低时,$r_{BB'}/R_B$下降较快,随着频率继续升高,$r_{BB'}/R_B$几乎不再变化,此时的$r_{BB'}$值即为所需要的测量值。

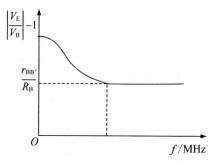

图16.4 $r_{BB'}$测量值随频率变化的示意图

图16.5是V_E、V_B的实际测量电路示意图,其中E_g为高频信号源,mV为高频毫伏表, mA为直流电流表。

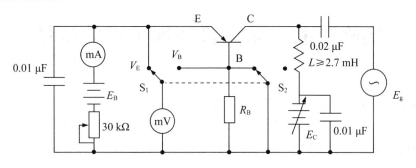

图16.5　V_E和V_B的实际测量电路示意图

四、实验内容与步骤

(1)按测量电路图正确连接电路。

(2)调整被测晶体管的工作点V_B和I_E,取$I_E = 1\,\text{mA}$。

(3)接通高频信号源及高频毫伏表电源,按说明书要求调整仪器。

(4)从信号源"75 Ω负载输出"输出的信号按图16.5接到被测晶体管的集电极与地之间,输出电压保持1 V。

(5)高频毫伏表的灵敏度调整好以后,将其探头接到开关S_1与地之间

$$\frac{f_T}{20} < f < \frac{f_T}{4}$$

(6)在范围内选不同频率测量V_E和V_B。

五、实验分析与探究

(1)根据在不同频率下测量得到的V_E和V_B值,作$(V_E/V_B) - 1$-f关系曲线。

(2)根据$(V_E/V_B) - 1$-f关系曲线求出$r_{BB'}$值。

(3)试分析不同I_E对V_E/V_B的影响。

(4)最佳工作频率应如何选取?

实验十七 晶体管特征频率的测量

当晶体管工作频率超过一定值时,其共射极电流放大系数(β)开始下降,当β下降为1时所对应的工作频率即为该晶体管的特征频率f_T。晶体管特征频率大小主要取决于晶体管的结构及其工作时的偏置条件,是晶体管重要的频率特性参数,对晶体管在电路中的实际应用具有重要影响。

一、实验目的

(1)掌握晶体管特征频率的测量原理以及测量方法。

(2)了解晶体管特征频率随集电极与发射极之间的电压V_{CE}及发射极电流I_E变化的规律。

二、实验仪器与材料

高频信号源、高频毫伏表、晶体管若干。

三、实验原理

(一)晶体管的特征频率

在交流工作状态下,晶体管发射极和集电极电压的周期性变化会引起相应PN结电荷区内电荷的重新分布,这种现象实际上就是晶体管PN结势垒电容和扩散电容的充放电。这种充放电作用使得由发射区通过基区传输的载流子减少,造成发射效率下降,同时基区复合增加,载流子传输延时,而集电极势垒电容的充放作用也使得集电极的收集效率降低。随着频率的升高,输出信号的相移增加,电流幅值下降。因此,工作频率对晶体管的共射极交流短路放大系数具有较大影响。理论研究表明,β的幅值和相移与工作频率的关系可用下式表示:

$$|\beta| = \frac{\beta_0}{\left[1 + \left(\dfrac{f}{f_\beta}\right)^2\right]^{1/2}} \tag{17.1}$$

$$\varphi = -\left(\arctan\frac{\omega}{\omega_\beta} + m\frac{\omega}{\omega_\beta}\right) \tag{17.2}$$

式中,β_0 为晶体管低频时的共射放大系数;f 为信号频率;f_β 为晶体管的截止频率,是 β 下降到 $0.707\beta_0$(即下降 3 dB)时的工作频率;ω 为信号角频率;ω_β 为晶体管的截止角频率;m 为超相移因子。

图 17.1 为晶体管电流放大系数随工作频率变化的曲线。在频率较低时,β 值基本不随频率变化,且 $\beta \approx \beta_0$。随着频率增大,β 值逐渐降低。当 f 增大到 f_b 时,β 值降低 3 dB,即此时 $\beta = 0.707\beta_0$。

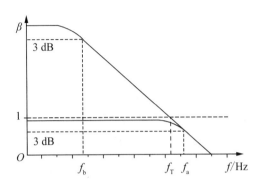

图 17.1　晶体管电流放大系数随工作频率变化的曲线

随着频率继续增大,当 $f \gg f_b$ 时,由式(17.1)可得

$$\left| \beta \right| = \frac{\beta_0}{\left[1 + \left(\dfrac{f}{f_b}\right)^2\right]^{\frac{1}{2}}} \approx \frac{f_b \beta_0}{f}$$

则

$$f\left| \beta \right| \approx f_b \beta_0 \tag{17.3}$$

根据晶体管特征频率 f_T 的定义,f_T 为晶体管电流放大系数下降到 1 时对应的工作频率。因此有

$$f_T = f_b \beta_0 = f\left| \beta \right| \tag{17.4}$$

由式(17.4)可知,只要晶体管的工作频率满足一定条件,晶体管的共射极交流短路放大系数 β 与工作频率 f 的乘积(即"增益-带宽"积)为一个常数,该常数就是晶体管的特征频率 f_T。实验中直接测定 f_T 相对比较困难,但根据式(17.4),我们只要在 $f \gg f_b$ 的某一频率下测定相应的 β 值即可得到 f_T。

（二）特征频率与晶体管结构参数及偏置条件的关系

晶体管的特征频率也可表示为

$$f_T = \frac{1}{2\pi\tau_T} \tag{17.5}$$

式中,τ_T 表示载流子由发射极传输到集电极所需要的总时间。

τ_T 主要由四个部分组成:对发射极势垒电容充放电引起的发射极延迟时间 τ_e、基区

渡越时间 τ_B、对集电极势垒电容充放电引起的集电极延迟时间 τ_c 以及通过集电极势垒区所需的时间 τ_d,则

$$\tau_T = \tau_e + \tau_b + \tau_c + \tau_d \tag{17.6}$$

由式(17.5)和式(17.6)可以得到

$$f_T = \frac{1}{2\pi\tau_T} = \frac{1}{2\pi\left(\tau_e + \tau_b + \tau_c + \tau_d\right)}$$

$$= \frac{1}{2\pi\left[\dfrac{kT}{qI_E}C_{TE} + \dfrac{W_b^2}{2D_b}\cdot\dfrac{2}{\eta}\left(1 - \dfrac{1}{\eta}\right) + r_{cs}C_{TC} + \dfrac{x_{dc}}{2v_{max}}\right]} \tag{17.7}$$

式中,C_{TE}、C_{TC} 分别为发射极和集电极的势垒电容;W_b 为有效基区宽度;D_b 为电子在基区的扩散系数;x_{dc} 为集电极势垒宽度;v_{max} 为载流子通过集电极势垒区的最大速度;r_{cs} 为集电极电阻;k 为玻尔兹曼常数;T 为绝对温度;q 为电子电量;η 为自建厂因子。

由式(17.7)可以看出,晶体管的特征频率既与晶体管的结构参数有关,也与晶体管工作时的偏置条件有关。图17.2为特征频率随集电极电流 I_C 及基极-集电极偏置电压 V_{BC} 的变化曲线。

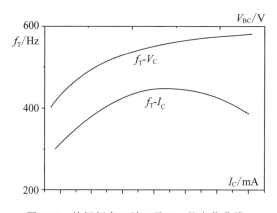

图17.2　特征频率 f_T 随 I_C 及 V_{BC} 的变化曲线

在偏置电流较小时,随着集电极电流 I_C 增加,τ_e 减小,从而使得 f_T 增加。当偏置电流较大时,一方面,因基区扩展效应,使基区渡越时间 τ_b 增加;另一方面,电流的大注入效应也使得 β 值降低,从而相应降低了 f_T 值。对于 V_{BC} 的影响,随着集电极偏置电压的增加,集电极势垒宽度增大,导致有效基区宽度减小,基区渡越时间 τ_b 减小,从而使 f_T 增大。

四、实验内容与步骤

(1)选取待测晶体管,参考图17.3连接电路。

(2)打开高频信号源及高频毫伏表的电源预热仪器,并按要求进行仪器调整。

(3)根据待测晶体管相关参数设定测试频率,在不同测试频率下测定晶体管的 I_B 及 I_C 值,求得 f_T。

(4)通过改变基极电阻改变I_B值,测定不同I_B值下的f_T值。

(5)固定I_B值,改变V_C,测定不同V_C值下的f_T值。

(6)选取不同型号晶体管,重复步骤(1)~(5)的操作。

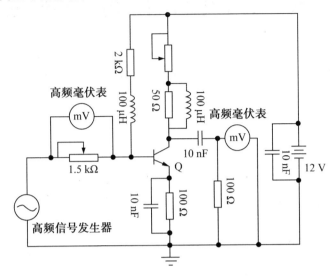

图17.3 特征频率测量电路

五、实验分析与探究

(1)根据测定的I_B及I_C值,求得f_T。

(2)根据实验数据,作I_B-f_T曲线。

(3)根据实验数据,作V_C-f_T曲线。

(4)分析并讨论影响f_T测定值的因素。

实验十八　数字电桥测量电位器的电阻值

电位器又称"可变电阻器",是电子电路中用途最广泛的元器件之一。数字电桥是一种元件参量智能测量仪器,可对电阻、电容以及电感等各类元件的电学参数进行较为精确的自动测量。

一、实验目的

(1)掌握电位器的定义、功能及分类。
(2)掌握电位器主要参数的意义。
(3)掌握利用数字电桥测量电位器阻值的方法。

二、实验仪器与材料

YB2811LCR数字电桥、电位器若干。

三、实验原理

(一)电位器的基本概念

电位器是具有三个引出端,可按某种变化规律调节阻值的电阻元件,它由一个电阻体和一个转动或滑动系统组成,如图18.1所示。当在电阻体的两个触点之间外加一个电压时,通过转动滑动片改变触点在电阻体上的位置,活动触点与固定触点之间便可得到一个与活动触点位置成一定关系的电压。

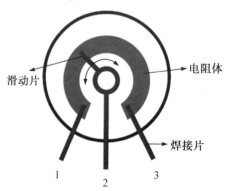

图18.1　电位器结构图

电位器是电子电路中用途最广泛的元器件之一,电位器阻值单位与电阻器相同,基本单位也是欧姆。电位器在电路中一般用字母R或RP表示。

(二)电位器的作用

(1)分压器:电位器常被用作分压器。当调节电位器的转柄或滑柄时,活动触点在电阻体上滑动,此时在电位器的输出端可获得与电位器的外加电压和可动臂转角或行程呈一定关系的输出电压。

(2)变阻器:电位器作为变阻器使用时,是一个两端元件。在使用过程中,电位器整个行程范围内部得到一个平滑的连续变化的阻值,一般用于音箱音量开关和激光头功率调节。

(3)电流控制器:电位器作为电流控制器使用时,一个选定的电流输出端必须是滑动触点引出端。

(三)电位器的主要参数

电位器的主要参数有标称阻值、额定功率、分辨率、滑动噪声、阻值变化特性、耐磨性、零位电阻以及温度系数等。

1.标称阻值和额定功率

电位器上标注的阻值称为"标称阻值",它等于电阻体两个固定端(即图18.1中1、3端)之间的电阻值,其单位有Ω、$k\Omega$、$M\Omega$。例如,B10K为阻抗变化特性为B(线性),标称阻值为10 000 Ω的电位器。

额定功率是指电位器在交流或直流电流中,在规定的大气压和温度下,长期连续正常工作时所允许消耗的最大功率。

2.阻值变化特性

阻值变化特性是指电位器的阻值随活动触点移动的长度或转轴转动的角度而变化的关系,即阻值输出函数特性。三种常用电位器的阻值变化特性如图18.2所示。

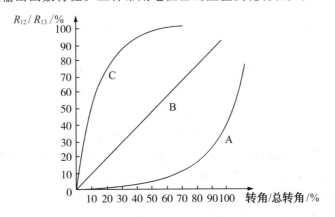

图18.2　三种常用电位器的阻值变化特性

(1)直线式电位器用"B"表示,其电阻体上的导电物质分布均匀,单位长度的阻值大致相等,电阻值的变化与电位器的旋转角度成直线关系,多用于分压器。

（2）指数式电位器用"A"表示,其电阻体上的导电物质分布不均匀,刚开始转动活动端头时阻值变化较小,转动角度增大时阻值变化较大。指数式电位器普遍应用于音量调节电路,如收音机、录音机、电视机中的音量控制器。因为人耳对音量的变化最灵敏,当音量大到一定程度后,人耳的听觉逐渐变迟钝。所以音量调节一般采用指数式电位器,使音量变化显得平稳舒适。

（3）对数式电位器用"C"表示,其电阻体上导电物质分布也不均匀,电位器开始转动时阻值变化较快,转动角度增大时阻值变化比较缓慢。对数式电位器适用于与指数式电位器要求相反的电子电路中,如电视机的对比度控制电路、音调控制电路等。

3. 分辨率

电位器的分辨率又称为"分辨力"。对线绕电位器来讲,当活动触点每移动一圈时,输出电压会发生不连续的变化,其变化量与输出电压的比值就是分辨率。直线式线绕电位器的理论分辨率为绕线总匝数 N 的倒数,并以百分数表示。电位器的总匝数越多,分辨率越高。

4. 滑动噪声

当电位器在外加电压作用下,活动触点在电阻体上滑动时,产生的电噪声称为电位器的"滑动噪声"。滑动噪声是电位器的主要参数之一,其大小与转轴速度、接触点和电阻体之间的接触电阻、电阻率不均匀变化、活动触点的数目以及外加电压的大小有关。

5. 最大工作电压

最大工作电压指电位器在规定的条件下,长期可靠地工作而不损坏所允许承受的最大工作电压,也称为"额定工作电压"。电位器的实际工作电压要小于额定工作电压,否则电位器所承受的功率会超过额定功率,导致电位器损坏。

（四）电位器的分类

组成电位器的关键零件是电阻体和电刷。根据电位器上电阻体所用材料的不同,电位器可分为线绕（WX）电位器、合成碳膜（WH）电位器、金属玻璃釉（WI）电位器、有机实芯（WS）电位器和导电塑料电位器等类型。此外还有用金属膜（WJ）、金属箔和金属氧化膜（WY）制成电阻体的电位器,这些电位器都具有特殊用途。按使用特点分,电位器可分为通用、高精度、高分辨力、高阻、高温、高频、大功率等类型;按阻值调节方式,电位器可分为可调型定位器、半可调型定位器、微调型定位器,后两者又被称为"半固定电位器";按阻值变化规律,电位器可分为线性电位器、指数式电位器、对数式电位器等。

（1）线绕（WX）电位器:线绕电位器由合金电阻丝绕在环状骨架上制成,具有精度高、稳定性好、温度系数小、接触可靠等优点。线绕电位器的缺点为分辨率低、阻值偏低、高阻值时电阻线易断,并且绕组具有分布电容和分布电感,不宜用于高频。线绕电位器适用于高温、大功率以及精密调节电路,精密线绕电位器的精度可达 0.1%,大功率电位器的功率可达 100 W 以上。

（2）合成碳膜（WH）电位器:合成碳膜电位器阻值范围较宽,为 100 Ω～4.7 MΩ。由于合成碳膜电位器的阻值连续可调,因此分辨率很高,理论上为无穷大。合成碳膜电位器的制备工艺简单,价格低廉,但精度较差,一般为20%。由于黏合剂是有机物,耐热和耐潮性较差,导致合成碳膜电位器寿命较低。合成碳膜电位器宜作函数式电位器使用,可在消费类电子产品中大量应用,采用印刷工艺可使碳膜片的生产实现自动化。

(3)多圈精密可调电位器:在一些工控及仪表电路中,通常要求电子元器件可调精度高,为了适应生产需要,这类电路采用多圈精密可调电位器。多圈精密可调电位器具有步进范围大、精度高等优点,可满足精密仪器的高精度要求。

四、实验内容与步骤

(1)插上电源插头,打开电源开关,仪器进入初始状态,预热15 min,待机内达到热平衡后,进行正常测试。YB2811LCR数字电桥说明请参考附录三。

(2)将电位器的1、3端与测试座相连。

(3)按LCR键,选择测量主参数为电阻R,并根据被测电位器的参数选择合适的频率、方式。

(4)由主参数显示窗口读测被测电位器的标称阻值。

(5)将电位器的旋钮逆时针旋转到底,并将其1、2端与测试座相连。

(6)顺时针旋转电位器旋钮(WH148型电位器可旋转角度为300°),每次旋转相同的角度,读出旋转后的电阻值,直至旋转到底。

(7)1、2端测量完毕后,将电位器的旋钮逆时针旋转到底,将2、3端接入测试座,重复步骤(6)。

(8)WH148型电位器测量完毕后,用相同的方法测量多圈高精度电位器,读测其标称阻值、可调圈数及电阻值随转动圈数的变化情况。

(9)实验完毕,关闭实验仪器。

五、实验分析与探究

(1)分别测量两个不同标称阻值的合成碳膜电位器(WH148)的阻值变化特性(分别接2、3端和1、2端),绘制其阻值随旋转角度变化而变化的特性曲线。

(2)测量一个多圈精密可调电位器的阻值变化特性,得出其可调圈数,并绘制阻值变化特性曲线。

实验十九　集成电路特性参数测量

集成电路测试是保证集成电路(IC)性能和质量的关键手段之一。通过对集成电路的测试,人们可快速、准确地判断集成电路的好坏,给科研、生产和维修带来便利。

一、实验目的

(1)掌握集成电路测量仪的使用方法。

(2)学会对各种芯片设计相应的测试方案,并进行验证。

二、实验仪器设备

集成电路测试仪、数字集成电路芯片。

三、实验原理

本实验使用的集成电路测试系统的主控机为计算机,通过 RS-232 串行口与测试仪连接。本系统可快速对集成电路进行在线/离线测试和分析,以判断其好坏。集成电路测试系统由计算机、集成电路测试仪及接口板等组成,集成电路测试仪由测控板、接口板、总线板、电源等组成,接口板由锁存器、驱动器等组成。

工作时,集成电路测试仪把存于计算机的测试程序输送到待测芯片相应的引脚,并把待测芯片的输出状态(响应)送回至计算机;与预期响应比较后,在计算机的显示器上显示检测结果。表19.1列出了集成电路测试系统的主要功能及参数。

表 19.1　集成电路测试系统的主要功能及参数

序号	项目	参数
1	测试 IC 种类	TTL、CMOS、GAL、RAM、EPROM、CPU 及可编程器件等集成电路
2	被测芯片引脚数量	100引脚以下
3	测试速度	500 kHz/Pin
4	最大输出电流	每个引脚最大输出电流为 100 mA
5	测试方法	小规模集成电路(SSI)、中规模集成电路(MSI):与标准库比较
		大规模集成电路(LSI):与自学习库比较
6	显示方式	图形显示(时序波形)、状态显示

　　离线测试时,若待测芯片引脚数不超过48个,可直接插在测试仪面板配置的离线测试座上,芯片方向与面板图标一致。对于超过48个引脚的芯片,需外接专用测试盒,测试盒上的 PORT A、PORT B 端口必须用专用的50线电缆与仪器面板上 PORT A、PORT B 端口对应连接。

　　在线测试时,将测试夹安装在专用电缆上,电缆与测试仪面板上的50针插座相连。对于48个引脚以下的测试夹,应连接测试仪面板上标有 PORT A 的插座。测试夹与扁平电缆间采用可拆卸结构,可根据被测器件的引脚数更换相应集成电路夹具。

　　连接时应注意:电缆线一侧的红线为起始位,测试夹的两排插针应从起始位分别插入相邻侧的插孔中。当夹具夹到被测芯片上时,位于红线一侧的两个接触夹分别对应于芯片的第一个引脚和最后一个引脚。离线测试和在线测试不能同时工作。如果进行离线测试,则必须将在线测试的测试夹与被测芯片脱开,反之亦然。测试芯片前应将测试仪的电源与芯片相连,为防止连接过程中损坏芯片,应先关闭电源,连接正确后再开启电源。上述任何一处发生错误都会使测试结果不准确。

　　本测试系统包括中小规模集成电路测试系统及大规模集成电路测试系统两个部分。中小规模集成电路测试系统界面如图19.1所示,包括主窗口、芯片引脚图窗口、测试波形窗口以及测试报告窗口等。

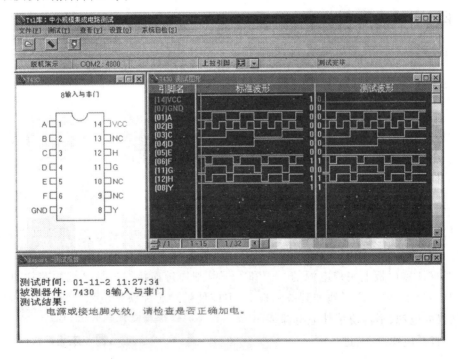

图19.1　中小规模集成电路测试系统界面

　　在系统菜单项中,文件项可分别执行打开库、选择器件等命令,以及选择所要测试的器件型号和存取文件等操作。测试项可分别执行在线/离线测试、自适应在线测试、机器学习、识别无型号器件等操作。其中,自适应在线测试指在在线测试中,系统首先检测芯片在线路板上的自身连线。若有必要且可能的话,系统自动修改代码以适应芯片在线路板上的情况。若无任何连线,则使用离线代码进行测试以提高速度。机器学习指通过运行测试程序生成标准测试文件。识别无型号器件时,应先打开 TTL 库或 CMOS 库,系统激活识别无型号器件菜单,然后对芯片施加正确的电源并给出芯片引脚数,随即可自动识别器件型号。

测试波形窗口可显示引脚名称、标准波形和测试波形。波形包括激励信号(黄色)和响应信号。响应信号中绿色为与预期一致的响应,红色为与预期不一致的响应,叉号表示任意态。

大规模集成电路测试系统包括测试分析及机器学习两大功能。测试分析是大规模集成电路测试系统的核心功能,主要用来测试和诊断大规模集成电路的功能及故障,其结果同样以波形图表示。但因大规模集成电路测试的特殊性,实际难以给出是否合格的判据。因此当提示"未通过此项分测试"时,可通过波形图进行进一步分析,以确定芯片功能是否失效。机器学习功能可采用标准芯片置于离线学习插座,读入芯片响应以作为相应芯片的测试标准。测试时,也可直接调用大规模集成电路库中已有的大规模集成电路芯片的标准响应。

四、实验内容与步骤

本实验将主要对中小规模集成电路测试系统进行测试实验。

（一）离线测试操作步骤

(1)把待测芯片插于测试仪配置的离线测试座上。

(2)将仪器面板上用户电源的"＋"和"－"分别通过连接线连接到被测芯片的＋5 V引脚和 GND 引脚上,可通过软件显示出的引脚图查找芯片的电源和接地引脚。

(3)打开电源开关,进行测试。

（二）在线测试操作步骤

(1)将测试夹安装在专用电缆上,电缆与测试仪面板上的插座相连,用测试夹夹住待测芯片。电缆线有红线的一侧为起始位,必须靠近芯片上端(有缺口处)。

(2)将仪器面板上用户电源的"＋"和"－"分别通过连接线连接到被测芯片的＋5 V引脚和 GND 引脚上,或者施加到被测板上,但应使被测芯片获得电源。测试中必须使用本测试仪的电源,不得使用其他电源替代。

(3)打开电源开关,进行测试。

（三）芯片测试

这里以 7405 芯片离线测试为例,说明测试过程。

(1)选择器件库:在开始测试前,首先选择待测器件的所在库(即选择器件库)。单击"文件"→"打开库",出现"打开"窗口,窗口显示可供选择的 TTL 库和 CMOS 库名称。

选择"TTL",然后单击"打开"按钮,打开 TTL 器件库。

(2)单击"文件"→"选择器件",选择被测器件型号为7405,单击"确定"后,将显示7405 的引脚图窗口。如果没有自动显示,可通过单击"查看"→"引脚图"将其显示出来。

(3)开始测试:用测试夹或者测试座夹紧被测芯片,并检查是否接上电源线和地线。选择"测试>离线测试"模式,然后再选择"测试>执行测试",开始测试。执行测试时,计算机把测试代码传送给测试仪,测试仪通过硬件接口测试被测芯片,然后把测试结果传回系统。测试结束后,测试结果会出现在自动生成的测试报告中,测试过程也将以波形图的形式显示出来。

(4)选取不同型号芯片,重复上述测试步骤。

五、实验分析与探究

(1)分析测试结果:若测试报告提示被测芯片存在有疑问引脚,如该芯片为 OC 门(集电极开路)器件,有可能因为没有对输出脚加上拉电阻,造成无高电平输出。观察测试波形,与标准波形对比,判断是否有高电平输出。

(2)施加上拉电阻:若测试波形没有高电平输出,可对相关引脚施加上拉电阻。本系统提供了对指定引脚施加上拉电阻的功能。在主窗口状态条上的"上拉电阻"后;输入2,测试仪将自动对被测器件的引脚2施加上拉电阻。再次执行测试,与前面测试结果进行比较。系统每次只能对一个指定引脚施加上拉电阻,可依次对其他 OC 门输出引脚施加上拉电阻后进行测试并比较测试结果,判断器件是否真正发生故障。

个别芯片因各自生产厂家带来的性能差异,测试时可能会出现错误提示。此类情况下可以先让系统机器学习后再进行测试,或用系统提供的可视化建库工具实现建库后再进行测试。

实验二十　太阳能电池参数测量

太阳能电池是利用光生伏特效应将光转化为电能的半导体光电器件。在能源问题日益紧张的今天,作为清洁能源的太阳能电池占据越来越重要的地位。了解太阳能电池的特性及其主要参数测量方法,对于太阳能电池的研究开发及合理使用具有现实意义。

一、实验目的

(1)掌握太阳能电池的工作原理及特性。
(2)掌握太阳能电池相关参数的测量原理及方法。

二、实验仪器与材料

可调光白炽灯光源、光功率计、电压表、电流表、可调电阻箱、可调直流电源、单晶硅及多晶硅太阳能电池若干。

三、实验原理

在PN结器件中,因各区域载流子浓度不同造成了载流子的扩散运动,从而在PN结界面附近形成空间电荷区,并形成由N区指向P区的内建电势。硅太阳能电池一般是在P型硅片上用扩散的办法掺入N型杂质形成PN结。当光照到硅片时,如果光子能量足够大,即 $hv \geqslant E_g$(E_g 为硅材料的禁带宽度),则将在硅片内激发出电子-空穴对。若激发出的电子-空穴对在PN结附近,则电子和空穴将在PN结内建电场作用下,分别向N区和P区运动,形成光生电流 I_{ph}[见图20.1(a)],从而在N区聚积负电荷,在P区聚积正电荷,形成一个由P区指向N区的电场 $-qV$(V 为光生电势)。这个因光生载流子漂移而形成的电场与PN结热扩散内建电场 qV_D(V_D 为PN结内建电势)方向相反,使PN结势垒由 qV_D 降为 $qV_D - qV$。当光生电流与PN结正向电流相等时,则在PN结两侧形成稳定的电位差 V[见图20.1(b)],这个电位差即为光生电动势。

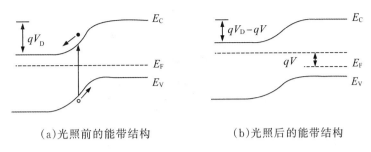

（a）光照前的能带结构 （b）光照后的能带结构

图 20.1 太阳能电池能带变化图

太阳能电池在无光照条件下，其电学特性与普通 PN 结类似，可由 PN 结的电流方程表示，即

$$I = I_0 e^{\frac{qV}{kT} - 1} \tag{20.1}$$

式中，I_0 为 PN 结的反向饱和电流。

当太阳能电池处在光照条件下时，其电学特性较为复杂，可认为由电流源（光生电流 I_{ph}）、PN 结、并联电阻 R_{sh} 和一个串联电阻 R_s 所组成，其等效电路图如图 20.2 所示。图中 R_L 为外部负载，电流方向设定为光生电流方向，与 PN 结正向电流方向相反。

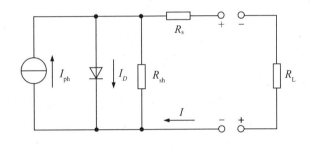

图 20.2 太阳能电池的等效电路图

若太阳能电池在光照条件下，在外部将电池两端用导线连接起来，则在电路中就会有电流流过，电流的方向由电池 P 区经外电路流回 N 区，其电学特性可由下式表示：

$$I = I_{SC} - I_0 e^{\frac{qV}{kT} - 1} \tag{20.2}$$

式中，I_{SC} 为太阳能电池的短路电流。

图 20.3 为太阳能电池在无光照及有光照条件下的 $I\text{-}V$ 特性曲线。太阳能电池的电流方向为 PN 结正向电流方向。

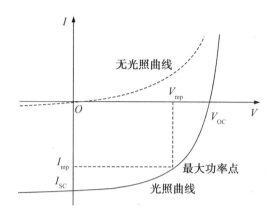

图20.3　太阳能电池的I-V特性曲线

太阳能电池的主要参数包括开路电压V_{OC}、短路电流I_{SC}以及最大输出功率P_{max}。太阳能电池的开路电压与短路电流的乘积被称为太阳能电池的"极限功率",这只是太阳能电池的理想参数,其实际最大输出功率只能接近而不可能达到极限功率,两者的比例为太阳能电池的填充因子F,其计算公式如下:

$$F = \frac{P_{\mathrm{max}}}{I_{\mathrm{SC}}V_{\mathrm{OC}}} = \frac{I_{\mathrm{mp}}V_{\mathrm{mp}}}{I_{\mathrm{SC}}V_{\mathrm{OC}}} \tag{20.3}$$

式中,I_{mp}和V_{mp}分别为太阳能电池最大功率点的电流和电压。

填充因子是评价太阳能电池输出特性的一个重要参数,其值越高,表明太阳能电池的输出特性越趋近于矩形,光电转换效率越高。

光谱响应度为太阳能电池在特定波长单位辐照度下的短路电流值,单位为$\mathrm{A \cdot W^{-1}}$。光谱响应度反映了太阳能电池对不同波长单色光的响应程度。

太阳能电池的转换效率η为其最大输出功率P_{max}与输入功率P_{in}之比,即

$$\eta = \frac{P_{\mathrm{max}}}{P_{\mathrm{in}}} = \frac{I_{\mathrm{mp}}V_{\mathrm{mp}}}{P_{\mathrm{in}}} \tag{20.4}$$

太阳能电池的上述参数主要依赖于电池本身的材料特性、器件结构以及制备工艺等条件。需要注意的是,对太阳能电池参数的准确测量应在稳定的自然光或太阳模拟器条件下进行。电池光谱响应度的测量应在单色器或使用滤色片来生成不同波长单色光的条件下进行。在上述条件难以满足时,也可采用白炽灯或碘钨灯等光源进行简单的太阳能电池光电特性测量,但应在测量条件中说明所用光源的性质。

四、实验内容与步骤

(一)太阳能电池暗电流的测量

(1)将待测太阳能电池置于遮光罩内,按图20.4连接测量电路。

(2)将电阻箱调至$100\,\Omega$以保护测量电路。

（3）将电压由 0 V 逐渐升高,每隔 0.1 V 记录相应的电压和电流值。完成测量电池的正向特性后,将电池的电源连接线对调以测量电池的反向特性。

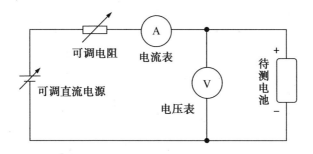

图 20.4　太阳能电池暗电流测量电路图

（二）测量不同光功率下的开路电压及短路电流

（1）打开光源开关,预热 5 min 后开始测量。

（2）按图 20.5 分别连接测量电路,测量开路电压及短路电流。

（3）用光功率计测量太阳能电池位置的光照功率,分别测量电池的开路电压 V_{oc} 及短路电流 I_{sc}。

（4）改变光照强度,重复测量光照功率及开路电压和短路电流。

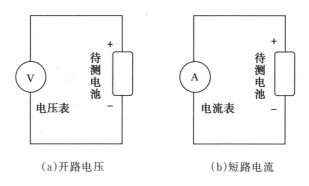

（a）开路电压　　　　　　　　　（b）短路电流

图 20.5　太阳能电池开路电压、短路电流测量电路

（三）测量不同光功率下的 I-V 特性

（1）按图 20.6 连接测量电路。

（2）用光功率计测量太阳能电池位置的光照功率,改变电阻箱的阻值,使输出电压每次间隔 0.1 V,测量并记录相应的电流值。

（3）改变光照强度,重复测量并记录光照功率及电压和电流值。

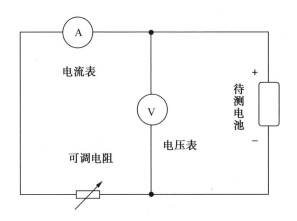

图20.6　太阳能电池I-V特性曲线测量电路图

五、实验分析与探究

(1)根据实验数据,绘制太阳能电池的暗电流伏安特性曲线。

(2)分别绘制开路电压V_{OC}及短路电流I_{SC}随光照功率变化而变化的曲线。

(3)绘制不同光照强度下的I-V特性曲线。

(4)根据I-V特性曲线,求得不同光照强度下电池的最大输出功率P_{max}及填充因子F。

(5)根据光照功率,求得不同光照强度下太阳能电池的转换效率η。

(6)根据I-V特性曲线,分析并讨论太阳能电池等效电路中串联电阻R_S的大小及其对太阳能电池光电性能的影响。

参考文献

[1]刘恩科,朱秉升,罗晋生,等.半导体物理学[M].西安:西安交通大学出版社,1998.

[2][美]施敏.半导体器件物理与工艺[M].赵鹤鸣,钱敏,黄秋萍,译.苏州:苏州大学出版社,2002.

[1]杨德仁.半导体材料测试与分析[M].北京:科学出版社,2010.

[2]刘诺,任敏,钟志亲,等.半导体物理与器件实验教程[M].北京:科学出版社,2015.

[3]李志彬,陈新安,倪鹤南.半导体物理实验[M].成都:电子科技大学出版社,2015.

[4]熊绍珍,朱美芳.太阳能电池基础与应用[M].北京:科学出版社,2009.

附录一　Excel中自动拟合曲线的方法

在 Excel 表格中选中需要拟合的电压和电流数据,单击 Excel 菜单栏"插入",然后单击"图表"栏中的"散点图",在出现的下拉菜单中选择"仅带数据标志的散点图"或"带平滑线和数据标志的散点图",即可得到相应散点图或曲线,如附图 1.1 所示。

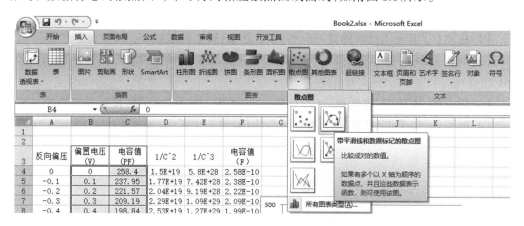

附图 1.1　Excel 拟合曲线操作示意图

右击出现的图表区域,可设置图表区域格式、选择数据。在选择数据选项中,可根据实际的数据区域的排列,选择行或列。右击图表坐标轴区域,可设置坐标轴格式、网格线格式等。

在电压-电流图中,右击生成的数据曲线,选择"添加趋势线",在类型菜单中可选择要生成曲线的类型,这里选择"指数(X)";在选项菜单中,选择"显示公式",显示电阻 R 的平方值,即可显示对应趋势线的公式。右击公式,然后单击趋势线标签格式,数字类别选择"科学计数",小数位数键入"3",单击"关闭",即可根据此公式求出斜率 A、截距 B 以及相关系数 $\left(r=\sqrt{R^2}\right)$,由此得到反向饱和电流和玻尔兹曼常数等参数。

求被测 PN 结正向压降随温度变化的灵敏度 $S(\mathrm{mV/K})$。用 Excel 对 V_F-T 数据按公式 $V_F=AT+B$ 进行直线拟合,方法同前,参数可重新设定,建议横轴坐标起始点选 270 K。在添加趋势线时,在类型菜单中"选择线性(L)"即可。根据得到的公式,可求出: A、B 及相关系数 r。拟合直线的斜率 A 就是 PN 结正向压降随温度变化的传感器灵敏度 S（单位为 mV/K）,截距 B 就是电势差 $V_{\mathrm{g(0)}}$。

附录二　YB4811型半导体管特性图示仪使用说明

半导体管特性图示仪是半导体器件测试分析中应用非常广泛的一类设备。通过半导体管特性图示仪可直接观测晶体管在各种组态时的输入输出特性曲线、转移特性曲线以及击穿特性曲线等。半导体管特性图示仪可以同时测试PNP、NPN两种不同极性的器件;可以采用交替、双踪、双族等方式同时显示两个晶体管的特性参数。

YB4811型半导体管特性图示仪的前面板如图附2.1所示,主要由示波管调节区、Y轴偏转信号调节区、X轴偏转信号调节区、集电极电源调节区、阶梯信号调节区及测试台等部分构成。

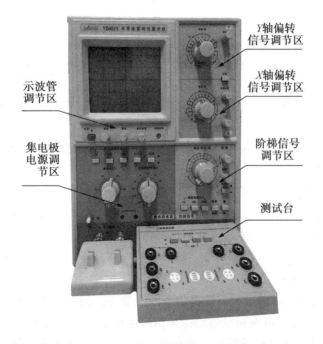

附图2.1　YB4811型半导体管特性图示仪的前面板

(1)示波管调节区:该区包括电源开关,辉度、聚焦、辅助聚焦、光迹旋转四个旋钮。

①辉度旋钮:通过改变示波管栅极-阴极之间的电压来改变电子束强度,从而控制荧光屏光点辉度。顺时针旋转旋钮时光点变亮。使用时,辉度应调节适中。

②聚焦与辅助聚焦旋钮:相互配合调节,使图像清晰。

(2)Y轴偏转信号调节区:该区包括电流/度开关和Y轴移位旋钮。

①电流/度开关:该开关是一个具有22个挡位、包含四种偏转作用的开关,具体包括集电极电流挡、二极管漏电流挡以及基极电流或基极源电压挡。

集电极电流挡:调节范围为 $10\,\mu A/div\sim0.5\,A/div$,共有 15 个挡位。集电极电流挡的作用是通过集电极取样电阻来获得电压,经 Y 轴放大器放大而取得读测电流偏转值。

二极管漏电流挡:调节范围为 $0.2\sim5\,\mu A/div$,共有 5 个挡位。该挡位通过二极管漏电流取样电阻的作用,将电流转化为电压后,经 Y 轴放大器放大而取得电流偏转值。

基极电流或基极源电压挡:该挡位阶梯分压电阻器分压后,经 Y 轴放大器的放大而取得其偏转值;该挡位的外接信号是由后面板 Q9 插座直接输入到 Y 轴放大器,经放大后取得其偏转值。

②Y 轴移位旋钮:通过改变分差放大器的前置级放大管的射极电阻,实现 Y 轴光迹的移位。

(3)X 轴偏转信号调节区:该区包括电压/度开关、X 轴移位及双簇分离旋钮

①电压/度开关:该开关是一个具有 21 个挡位、包含四种偏转作用的开关。

集电极电压挡:调节范围为 $0.05\sim50\,V/div$,共有 10 个挡位,其作用是通过分压电阻,经 X 轴放大器放大而取得不同灵敏度电压的偏转值。

基极电压挡:调节范围为 $0.1\sim5\,V/div$,共有 6 个挡位,其作用是通过分压电阻分压,达到不同灵敏度电压的偏转值。

基极电流或基极源电压挡:该挡位的作用是由阶梯分压电阻分压,经过放大器而获得基极电流或基极源电压的偏转值。

②X 轴移位旋钮:该旋钮通过改变分差放大器的前置级放大管的射极电阻,实现 X 轴光迹的移位。

(4)阶梯信号调节区:该区包括电压-电流/级开关,级/簇和调零旋钮,极性、串联电阻、重复和单簇按按钮。

①电压-电流/级开关:该开关是一个具有 23 个挡位、包含两种偏转作用的开关。

基极电流 I_b 挡:调节范围为 $0.2\,\mu A/级\sim100\,mA/级$,共有 18 个挡位,其作用是通过改变开关的不同挡级的电阻值,使通过被测半导体的基极电流按挡级步进改变。

基极电压源 V_b 挡:调节范围为 $0.1\,V/级\sim2\,V/级$,其作用是通过改变不同的分压反馈电阻,输出相应基极电压。

②级/簇旋钮:该旋钮用来调节阶梯信号的级数,能在 $1\sim10$ 级内任意选择。

③调零旋钮:该旋钮可在测试前将阶梯信号起始级调整为零电位。当荧光屏上可观察到基极阶梯信号后将三极管测试座零电压按钮按下,使被测管栅极接地;观察光点留在荧光屏上的位置,复位后调节调零旋钮,使阶梯信号起始光点仍在该处,从而使阶梯信号的"零电位"得到准确校正。

④极性按钮:该旋钮可改变阶梯信号的极性,满足不同极性半导体器件的测试需要。

⑤串联电阻按钮:当电压-电流/级开关置于电压/级位置时,串联电阻被串联进半导体的输入电路中。当串联电阻按钮全部弹出时,电阻为 $0\,\Omega$。

⑥重复开/关按钮:该按钮拧开时表示阶梯信号连续输出,为正常测试状态。该按钮关闭时表示阶梯信号没有输出,处于待触发状态。

⑦单簇按按钮:单簇按按钮使用前,应预先调整好其他控制钮位置。当按下该按钮时,屏幕上将在显示一簇特性曲线后回到待触发状态位置,因此可利用单簇按按钮瞬时作用的特性来观察被测管的各种极限特性。

(5)集电极电源调节区:该区包括峰值电压和极性按钮、峰值电压旋钮、功耗限制电阻旋钮、高压输出按钮以及高压输出插座。

①峰值电压按钮:根据集电极变压器不同输出电压端的选择,该按钮分为0~10 V,0~50 V,0~500 V,0~3000 V四挡。在测试半导体管时,应由低电压向高电压换挡,换挡前必须将峰值电压%调至"0",换挡后再缓慢增加,否则易损坏测试管。

②极性按钮:该按钮可以转换集电极电压的正负极性,在测试PNP或NPN型半导体管时,可按需要进行极性选择。

③峰值电压旋钮:峰值控制旋钮可与峰值电压按钮结合使用,在0~10 V,0~50 V,0~500 V,0~3000 V之间连续可调,面板上的值只能作近似值使用,精确的读数应由X轴偏转灵敏度读测。

④功耗限制电阻旋钮:功耗限制电阻串联在被测管的集电极电路上,以限制被测管超过功耗。另外,该旋钮也可作被测半导体管集电极的负载电阻。通过图示仪曲线簇的斜率,人们可选择合适的功耗限制电阻。

⑤高压输出按钮:调整范围为0~3 kV。为了高压测试安全,特设此开关,不按时无高压输出。

⑥高电压输出插座:根据插座上的管脚方向将测试附件插在此插座上进行测试。

(6)测试台:该区包括测试选择开关和零点位、零电流按钮。

①测试选择开关:该开关可以在测试时任选左右两个被测试管的特性曲线。当左右按键同时按下时为二簇状态,即通过电子开关自动地交替显示左右二簇特性曲线(使用时,"级/簇"应置于适当位置,以达到较佳的观察效果)。

②零电压、零电流按钮:零电压按钮可使被测管栅极接地;与调零旋钮结合使用时,零电压按钮可准确校准阶梯信号的零电压位置。零电流按钮可使被测半导体管的基极处于开路状态,即能测量I_{c}特性。

③测试插孔:根据不同封装的半导体管,采用不同的测试插孔和夹具,进行测试。

为保证仪器的合理使用,既不损坏被测晶体管也不损坏仪器内部电路,在使用仪器前应注意下列事项:

(1)对被测管的主要直流参数应有一个大概的了解和估计,选择好扫描和阶梯信号极性,以适应不同管型和测试项目的需要。

(2)根据被测管允许的电压范围,选择合适的扫描集电极电压范围,峰值电压应先调至零,测试时再根据需要慢慢调大。更换扫描范围挡级时,应先将峰值电压调至零。测试时选择合适的功耗电阻,当电压较高时,为防止功耗过大,电阻值应选大些,达到限流的目的;反之,电阻值可选小些。

附录三 YB2811LCR数字电桥简介

YB2811LCR数字电桥是一种元件参量智能测量仪器,可自动测量电感L、电容C、电阻R、品质因数Q、损耗角正切值D。YB2811LCR数字电桥的面板如附图3.1所示。

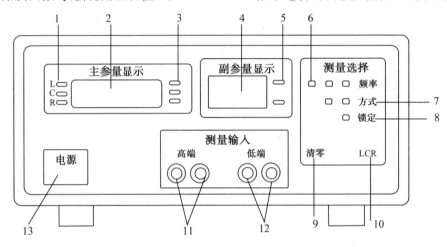

附图3.1 YB2811LCR数字电桥的前面板

图中功能键说明如下:

1为主参数指示,指示当前测量的主参数(如L、C、R)。

2为参数显示,显示主参量的量值。

3为主参数单位,指示当前测量主参数单位(如Ω、kΩ、MΩ)。

4为副参量显示,显示损耗角正切值D或品质因数Q。

5为副参量指示,指示当前测量的副参数(副参量与主参量的对应关系为:电容C对应损耗角正切值D,电感L和电阻R对应品质因数Q)。

6为频率选择,设定加于被测元件上的测试信号频率有100 Hz、1 kHz、10 kHz。

7为方式选择,选择的被测元件连接方式,有串联、并联两种。测试时,对于低值阻抗元件(基本是低值电阻、高值电容和低值电感)使用串联等效电路;反之,使用并联等效电路。

8为锁定键,当仪器处于锁定状态时,测试速度最快。

9为清零键,校准时首选短路校准,然后是开路校准。

10为LCR参数键,每按一下,选择一种主参数,分别在L、C、R三种参数中循环。

11、12为四个连接端,其中两个高端、两个低端,分别为HD电压激励高端、LD电压激励低端、HS电压取样高端以及LS电压取样低端。

13为电源开关,按入为开,弹出为关。